Live-Videotechnik

Jetzt diesen Titel zusätzlich als E-Book downloaden und 70 % sparen!

Als Käufer dieses Buchtitels haben Sie Anspruch auf ein besonderes Kombi-Angebot: Sie können den Titel zusätzlich zum Ihnen vorliegenden gedruckten Exemplar für nur 30 % des Normalpreises als E-Book beziehen.

Der BESONDERE VORTEIL: Im E-Book recherchieren Sie in Sekundenschnelle die gewünschten Themen und Textpassagen. Denn die E-Book-Variante ist mit einer komfortablen Volltextsuche ausgestattet!

Deshalb: Zögern Sie nicht. Laden Sie sich am besten gleich Ihre persönliche E-Book-Ausgabe dieses Titels herunter.

In 3 einfachen Schritten zum E-Book:

❶ Rufen Sie die Website **www.beuth.de/e-book** auf.

❷ Geben Sie hier Ihren persönlichen, nur einmal verwendbaren E-Book-Code ein:

29194B428K55F71

❸ Klicken Sie das „Download-Feld“ an und gehen dann weiter zum Warenkorb. Führen Sie den normalen Bestellprozess aus.

Hinweis: Der E-Book-Code wurde individuell für Sie als Erwerber dieses Buches erzeugt und darf nicht an Dritte weitergegeben werden. Mit Zurückziehung dieses Buches wird auch der damit verbundene E-Book-Code für den Download ungültig.

Live-Videotechnik

Mehr zu diesem Titel

... finden Sie in der Beuth-Mediathek

Zu vielen neuen Publikationen bietet der Beuth Verlag nützliches Zusatzmaterial im Internet an, das Ihnen kostenlos bereitgestellt wird. Art und Umfang des Zusatzmaterials – seien es Checklisten, Excel-Hilfen, Audiodateien etc. – sind jeweils abgestimmt auf die individuellen Besonderheiten der Primär-Publikationen.

Für den erstmaligen Zugriff auf die Beuth-Mediathek müssen Sie sich einmalig kostenlos registrieren. Zum Freischalten des Zusatzmaterials für diese Publikation gehen Sie bitte ins Internet unter

www.beuth-mediathek.de

und geben Sie den folgenden Media-Code in das Feld „Media-Code eingeben und registrieren" ein:

M291940144

Sie erhalten Ihren Nutzernamen und das Passwort per E-Mail und können damit nach dem Log-in über „Meine Inhalte" auf alle für Sie freigeschalteten Zusatzmaterialien zugreifen.

Der Media-Code muss nur bei der ersten Freischaltung der Publikation eingegeben werden. Jeder weitere Zugriff erfolgt über das Log-In.

Wir freuen uns auf Ihren Besuch in der Beuth-Mediathek.

Ihr Beuth Verlag

Hinweis: Der Media-Code wurde individuell für Sie als Erwerber dieser Publikation erzeugt und darf nicht an Dritte weitergegeben werden. Mit Zurückziehung dieses Buches wird auch der damit verbundene Media-Code ungültig.

Live-Videotechnik

Michael Ebner

Live-Videotechnik

Projektion, Streaming, Aufzeichnungen

2., aktualisierte und erweiterte Auflage 2019

Herausgeber:
DIN Deutsches Institut für Normung e. V.

Beuth Verlag GmbH · Berlin · Wien · Zürich

Herausgeber: DIN Deutsches Institut für Normung e. V.

Berlin · Wien · Zürich
Saatwinkler Damm 42/43
13627 Berlin

Telefon: +49 30 2601-0
Telefax: +49 30 2601-1260
Internet: www.beuth.de
E-Mail: kundenservice@beuth.de

Titelbild: © Phawat, Benutzung unter Lizenz von Shutterstock.com
Satz: Lumina Datamatics GmbH, Griesheim
Druck: Drukarnia Leyko sp. z. o. o., Kraków
Gedruckt auf säurefreiem, alterungsbeständigem Papier nach DIN EN ISO 9706

ISBN 978-3-410-29194-7
ISBN (E-Book) 978-3-410-29195-4

Vorwort zur 2. Auflage

Seit dem Erscheinen der 1. Auflage vor etwa sechs Jahre ist die technische Entwicklung nicht stehen geblieben. War damals Full HD „neu“, so ist es jetzt UHD bzw. 4k. Brauchte man damals noch einen Streaming-Server oder einen darauf spezialisierten Anbieter, so wird inzwischen wie selbstverständlich über YouTube und Facebook gestreamt.

Wie schon in der ersten Auflage liegt der Schwerpunkt nicht auf der neuesten Gerätegeneration, sondern auf den Grundlagen. Neben Aktualisierungen in mehreren Kapiteln wurde insbesondere in Kapitel 5 das Thema Projektionswände und deren Abmessungen ergänzt.

Mössingen, im Februar 2019

Michael Ebner
info@tabu-datentechnik.de

Vorwort zur 1. Auflage

Live-Videotechnik ist eine Entwicklung der letzten Jahre. Die Übertragung von Live-Bewegtbildern war jahrzehntelang dem Fernsehen vorbehalten – alles andere scheiterte mangels alternativer Sendetechnologie und mangels geeigneter Projektionstechnik.

Dies hat sich in etwa den letzten zehn Jahren grundlegend geändert. Mit der weiten Verbreitung des Internets und dort dem massiven Ansteigen der möglichen Bandbreite besteht nun für jeden die Möglichkeit, Live-Videobilder zu senden (man spricht dabei von streamen), und das weltweit und nicht auf ein Sendegebiet wie beim Fernsehen beschränkt. Geeignete Projektionstechnik gibt es schon etwas länger, allerdings zunächst nur zu nahezu unerschwinglichen Preisen und mit Lichtleistungen, die abgedunkelte Räume erzwungen haben. Auch das hat sich in den letzten zehn Jahren grundlegend geändert. Beamer sind lichtstark und erschwinglich geworden, sodass die Übertragung in einen Nebenraum oder die „Vergrößerung“ des Redners[1] inzwischen übliche Verfahren sind.

Die Entwicklung – das ist bei einer solch jungen Technologie nicht anders zu erwarten – verläuft rasant. Von daher wurde dieses Buch dahingehend konzipiert, dass vor allem die Grundlagen vermittelt werden. Über die aktuelle Gerätegeneration kann sich der Leser über die Fachpresse und das Internet informieren.

1 Aus Gründen der leichteren Lesbarkeit wurde durchgängig jeweils die männliche Form gewählt; gleichwohl beziehen sich sämtliche Angaben auf Angehörige gleich welchen Geschlechts.

Kapitel 1 befasst sich mit den Grundlagen. Diese sind vor allem die einzelnen Signale (vom schwarz-weißen BAS-Signal bis zu den digitalen HD-Signalen), die Steckverbinder sowie die Pegelrechnung.

In den Kapiteln 2 und 3 werden die Signalquellen besprochen. In Kapitel 2 ist dabei alles über Video-Kameras zu finden, in Kapitel 3 geht es um alle anderen Signalquellen, insbesondere Band- und Disc-Laufwerke.

Die Signalverarbeitung ist Thema in Kapitel 4. Dort geht es um Bildmischer und Switcher und auch um ein wenig Messtechnik.

Zum Schluss – in Kapitel 5 – werden auch noch die Enden der Signalquellen besprochen, das sind zum einen Beamer oder LED-Wände, zum anderen das Streaming ins Internet.

An dieser Stelle sei allen gedankt, die an diesem Buch mitgewirkt haben. Ein besonderer Dank gilt dabei den Firmen, die Bildmaterial zur Verfügung gestellt haben. Viele Bilder sind in Farbe in der Beuth-Mediathek (www.beuth-mediathek.de) einsehbar.

Inhalt

1 Grundlagen

In diesem Kapitel wollen wir uns die Grundlagen der Live-Videotechnik ansehen: Welche Signale gibt es, über welche Leitungen und Steckverbinder werden diese geführt, wie sehen die physikalischen Grundlagen aus.

1.1 Signale

Dieses Kapitel setzt die Kenntnisse einiger physikalischer Grundlagen voraus, die im Physik-Unterricht der Mittelstufe vermittelt werden und somit bei den meisten Lesern vorhanden sein dürften. Aus diesem Grund sollen sie hier nicht wiederholt werden.

1.1.1 Analoge Audio-Signale

Es soll mit der Betrachtung der analogen Audio-Signale begonnen werden, da diese am einfachsten zu verstehen sind.

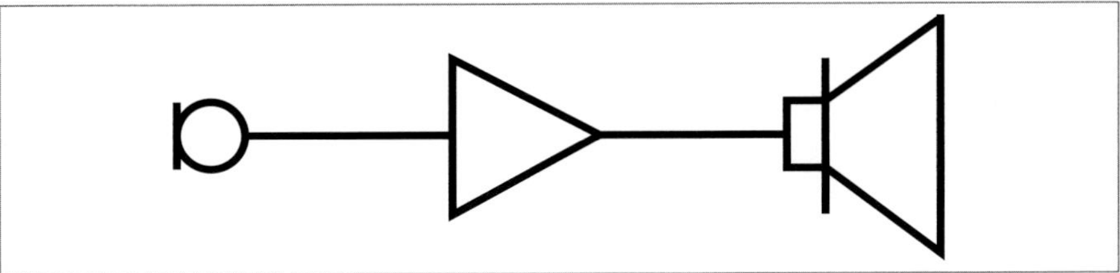

Bild 1.1: Audioübertragungsstrecke Mono

Bild 1.1 zeigt das Blockschaltbild einer Audioübertragungsstrecke in Mono. Links ist ein Mikrofon dargestellt, das Dreieck in der Mitte ist ein Verstärker, rechts findet sich das Symbol für den Lautsprecher. Das Mikrofon wandelt den anliegenden Schall in eine Wechselspannung, die man dann zum Verstärker weiterleiten kann, und die sich auch am Oszilloskop darstellen lässt.

Das Oszilloskop ist ein Messgerät, das den Verlauf elektrischer Spannungen über die Zeit darstellt. Bild 1.2 zeigt ein solches Oszillogramm, hier einen 1 kHz Sinuston. Ein solches Signal würde z. B. entstehen, wenn man am Mikrofon einen sog. Luftschallkalibrator anbringt. Solche Signale werden jedoch auch elektronisch erzeugt und als Tonsignal bei einem Testbild verwendet.

In der Praxis überträgt man jedoch nur selten 1 kHz-Messtöne, sondern Sprache und Musik. Dabei handelt es sich um ein Gemisch aus vielen Frequenzen unter-

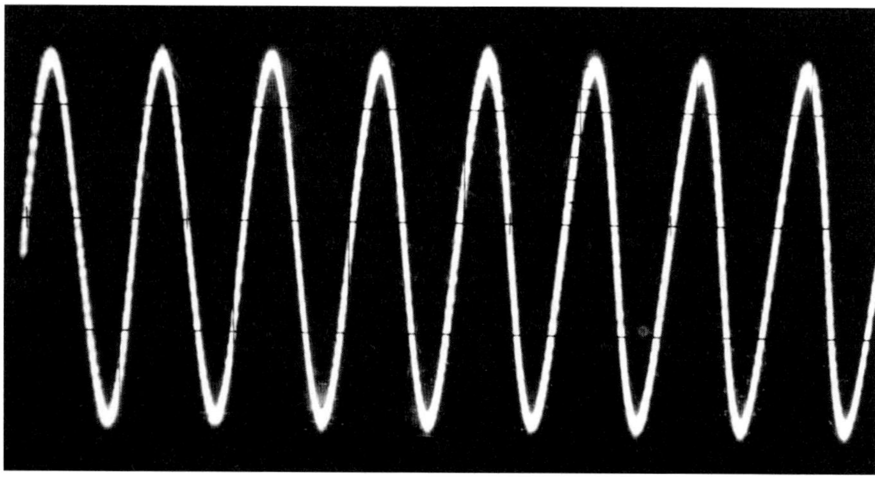

Bild 1.2: Oszillogramm 1 kHz Sinuston

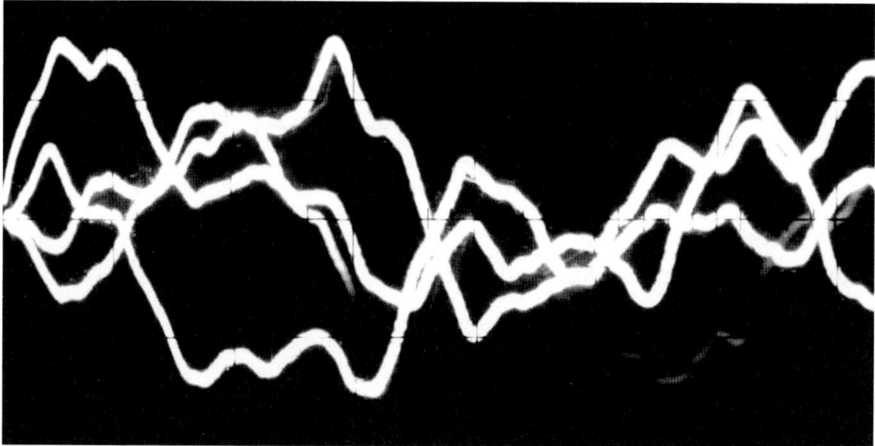

Bild 1.3: Oszillogramm Musik

schiedlicher Intensität, wobei sich die Frequenzen und deren Intensität laufend ändern. Bild 1.3 zeigt die Momentaufnahme eines Oszillogramms von Musik, wobei dieses Oszillogramm schon im nächsten Moment wieder anders aussieht.

Audioübertragungen werden derzeit mehrheitlich zweikanalig in sogenannter Stereophonie durchgeführt. Die getrennte Übertragung der Signale für die linke und die rechte Seite erlaubt einen ausreichend räumlichen Höreindruck.

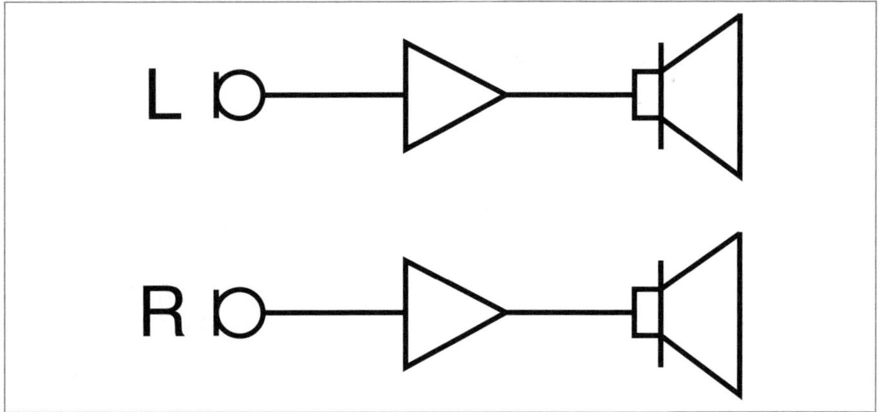

Bild 1.4: Audioübertragung Stereo

Am gebräuchlichsten ist die sogenannte LR-Stereophonie, wie sie in Bild 1.4 dargestellt ist: Hier wird auf der einen Leitung das Signal für den linken Kanal und auf der anderen Seite das Signal für den rechten Kanal übertragen.

Diese Vorgehensweise ist einfach und gebräuchlich, hat aber einen Nachteil: Sie ist nicht mono-kompatibel. Bei der Einführung der Stereophonie wurde – aus gutem Grund – auf die Abwärtskompatibilität von Stereo zu Mono bei Schallplatten und Rundfunk geachtet. Daher ist dort das MS-Verfahren gebräuchlich: Auf dem ersten Kanal wird das Mitten-Signal (M) übertragen – dies entspricht dem Mono-Signal, auf dem zweiten Kanal das Seitensignal (S), dies entspricht dem Differenzsignal von L minus R. Mit Hilfe von analogen Addier- und Subtrahierschaltungen lassen sich MS- und LR-Signale ineinander umrechnen:

$$M = L + R$$
$$S = L - R$$

$$M + S = (L + R) + (L - R) = 2L$$
$$M - S = (L + R) - (L - R) = 2R$$

Um den räumlichen Höreindruck zu verbessern, sind inzwischen auch 5.1-Systeme gebräuchlich. Dabei handelt es sich um Anordnungen mit fünf Fullrange-Lautsprechern und einem Subwoofer für die Tieftonwiedergabe. Da sich tiefe Töne akustisch nur sehr schwer orten lassen, reicht ein Subwoofer für das komplette System.

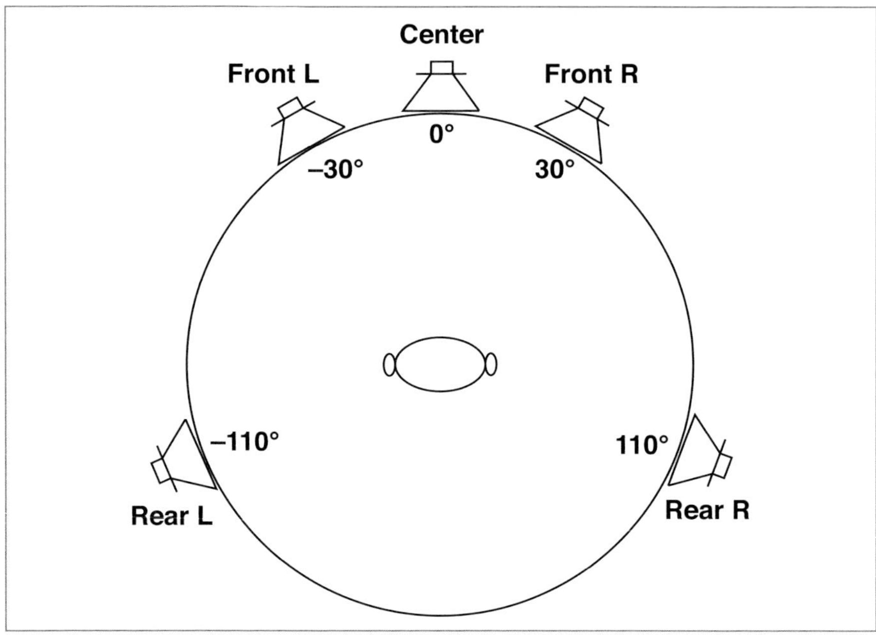

Bild 1.5: Anordnung der Lautsprecher beim 5.1-Verfahren

Die Hauptsysteme beim 5.1-Verfahren sind *Front L* und *Front R*. Die Rear-Lautsprecher werden bisweilen auch als *Surround L* und *Surround R* bezeichnet. Die Übertragung erfolgt beim 5.1-Verfahren mit sechs einzelnen Leitungen.

1.1.2 BAS-Signale

Eine einfache analoge Übertragung wie bei Audio-Signalen ist bei einem Bild-Signal nicht möglich. Selbst wenn man sich darauf beschränken würde, nur Luminanz (Helligkeitswerte) zu übertragen und auf Chrominanz (Farbinformationen) zu verzichten, könnte man auf einer einzelnen Leitung lediglich die Informationen für einen „Bildpunkt" übertragen. Um Bilder zu übertragen, bräuchte man eine Unzahl von Leitungen – selbst geringe Auflösungen wie „halbes VGA" (320×240 Bildpunkte) würden schon 76.800 Leitungen erfordern.

Von daher ist es erforderlich, die Helligkeitswerte für die einzelnen Bildpunkte nacheinander zu übertragen. An dieser Stelle ist es enorm hilfreich, dass das Auge deutlich träger ist als das Ohr. Ein gesundes, junges Gehör kann Frequenzen bis zu etwa 20 kHz wahrnehmen. Im Kino werden ab einer Frequenz von etwa 25 Bildern

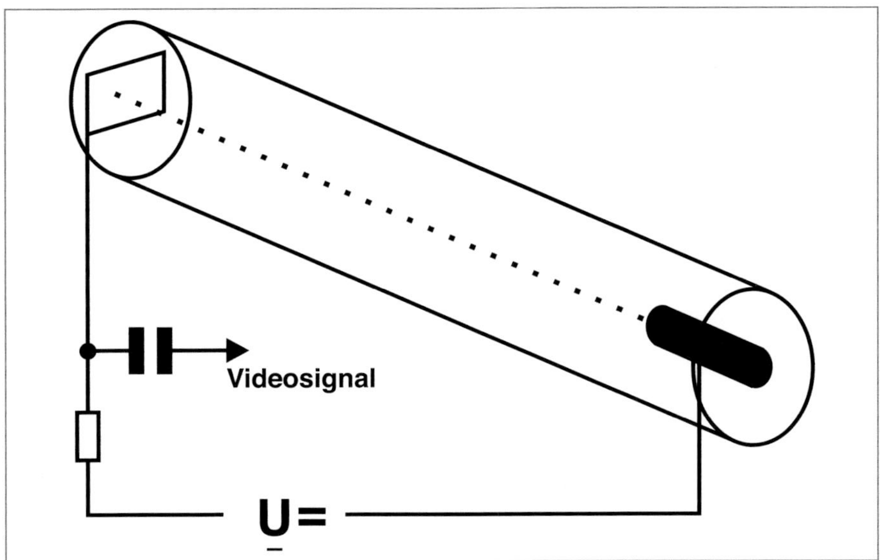

Bild 1.6: Aufnahmeröhre

pro Sekunde diese nicht mehr als Einzelbilder, sondern als bewegtes Bild wahrgenommen. Im Frequenzband, das für die Übertragung eines Audiokanals benötigt wird, können theoretisch die Helligkeitsinformationen von 800 Bildpunkten untergebracht werden. Um brauchbar Schwarz-Weiß-Bewegtbilder analog übertragen zu können, braucht man – mit ein wenig Aufschlag für Synchronisierung – eine Bandbreite von rund 2 MHz, was bei überschaubaren Strecken und abgeschirmten Leitungen keine besonders große Herausforderung darstellt.

Allerdings werden bei der analogen Videoübertragung keine Bildpunkte übertragen, sondern Bildzeilen. Dies hat historische Gründe: Zu Beginn der analogen Video- und Fernsehtechnik gab es keine TFT-Displays und CCD-Chips, sondern Bildröhren.

Bild 1.6 zeigt die schematische Skizze einer Aufnahmeröhre. Auf der rechten Seite befindet sich eine Glühkathode, auf der linken Seite eine lichtempfindliche Schicht, die als Anode dient. Zwischen Anode und Kathode wird nun eine hohe Gleichspannung angelegt, sodass ein Elektronenstrahl von Kathode zu Anode entsteht.

Dieser Elektronenstrahl (man spricht auch von einem Kathodenstrahl) wird nun zeilenweise so horizontal und vertikal abgelenkt, dass er periodisch den skizzierten rechteckigen Bereich überstreicht. Um den Kathodenstrahl über diesen Bereich zu führen, muss dieser horizontal wie vertikal abgelenkt werden. Dies kann entweder elektrostatisch mit entsprechenden Ablenkplatten oder magnetisch mit Ablenkspulen erfolgen. (Damit die Skizze nicht zu unübersichtlich wird, ist weder das eine noch das andere dargestellt.)

Auf die lichtempfindliche Schicht wird nun mittels des Objektivs (nicht skizziert) ein Bild projiziert. Der Widerstand dieser lichtempfindlichen Schicht hängt nun von der Helligkeit, also dem projizierten Bild ab, sodass das Videosignal über einen Kondensator ausgekoppelt werden kann. Das ausgekoppelte Videosignal muss dann jedoch mit Austast- und Synchronisierungssignalen angereichert werden.

Bei der Wiedergabe läuft dieser Vorgang umgekehrt: Auch hier wird ein Elektronenstrahl horizontal und vertikal abgelenkt, allerdings über eine Leuchtschicht, die dann aufleuchtet, wenn sie vom Elektronenstrahl getroffen wird – und um praktikable Bildgrößen zu erhalten, ist diese Leuchtschicht dann auch noch um ein Vielfaches größer.

Die Leuchtschicht leuchtet umso stärker, je stärker der Elektronenstrahl ist. Um den Strahl in seiner Stärke modulieren zu können, wird er durch den sog. Wehneltzylinder geführt, an den das verstärkte Videosignal angelegt wird.

Die eigentliche „Kunst" bei der Übertragung von Schwarz-Weiß-Videosignalen besteht nun darin, die Strahlführung bei Aufnahme- und Wiedergaberöhre so zu synchronisieren, dass dabei brauchbare Bilder herauskommen, und das auch noch über eine einzige Signalleitung zu führen. Das dafür verwendete Signal nennt sich BAS-Signal, das die Komponenten B, A und S vereinigt.

- Das B-Signal ist das Bildsignal.
- Das A-Signal ist das Austastsignal. Der Kathodenstrahl wird nicht nur zeilenweise von links nach rechts geführt, sondern muss dann auch wieder von rechts nach links zur nächsten Zeile geführt werden. Während dieses Vorgangs soll der Kathodenstrahl aus sein, damit er nicht das Bild verfälscht. In der Fachsprache sagt man dazu, dass er ausgetastet wird.
- Die S-Signale sind die Synchronsignale, hier gibt es die horizontalen und die vertikalen Synchronsignale.

Bild 1.7 zeigt das Oszillogramm des BAS-Signals eines Grauverlaufs, einer Weiß- und einer Schwarzfläche. Das Signal umfasst einen Bereich von –0,3 V bis 0,7 V, das ergibt einen Spannungshub von insgesamt 1 V. Dabei stellen positive Spannungen Helligkeitswerte dar (je höher die Spannung, desto heller), während negative Spannungen der Synchronisation dienen.

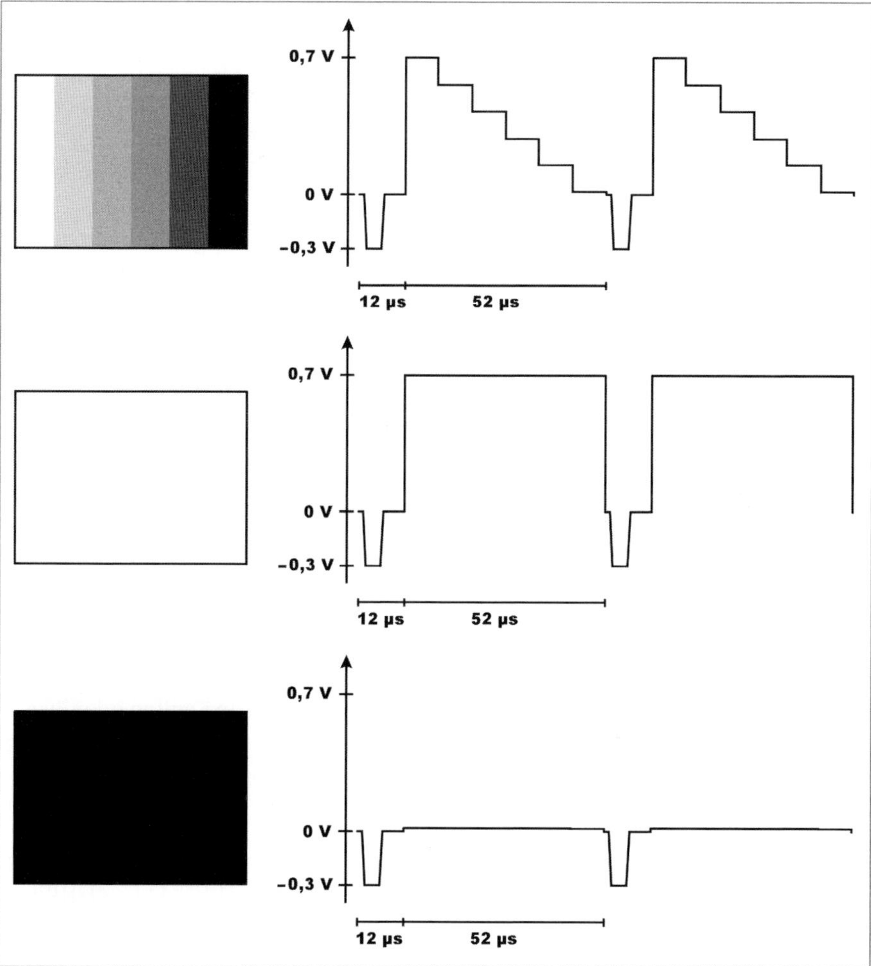

Bild 1.7: Das BAS-Signal

Eine Spannung von 0 V entspricht der Farbe Schwarz, eine Spannung von 0,7 V der Farbe Weiß. Damit das Austastsignal sicher schwarz ist, wird mit einer minimalen Schwarzanhebung gearbeitet, Spannungen unter etwa 0,02 V werden als Schwarzwert behandelt, in Bild 1.7 ist das etwas übertrieben dargestellt. Der Verlauf von schwarz nach weiß ist nicht linear, sondern die Übertragungskennlinie der Bildwiedergaberöhren wird kameraseitig kompensiert (Gamma-Vorentzerrung).

Pro Zeile ist eine Gesamtzeit von 64 µs vorgesehen, von der 12 µs auf das Austastsignal und 52 µs auf das Bildsignal entfallen. Während der Austastzeit wird der horizontale Synchronisationsimpuls übertragen – da dieser im negativen Bereich liegt, stört er auch nicht den Austastvorgang. Der Synchronisationsimpuls hat eine Zeitdauer von 4,7 µs und eine Spannung von –0,3 V. Synchronisiert wird auf den Zeitpunkt, da die absteigende Flanke eine Spannung von –0,15 V aufweist, die Bildzeile beginnt 10,5 µs später.

Aus der Übertragungsdauer einer Bildzeile t_Z und der Zahl der Bilder pro Sekunde n_B kann man nun die Zahl der Zeilen pro Bild n_Z berechnen:

$$n_Z = \frac{1}{n_B \cdot t_Z} = \frac{1}{25 \cdot 0{,}000064} = 625$$

Wir können also theoretisch 625 Zeilen pro Bild übertragen, allerdings würde eine Bildwiederholrate von 25 Hz doch für erhebliches Flimmern sorgen. Um jetzt nicht die Zahl der Zeilen zu halbieren, verwendet man das Zeilensprungverfahren: Statt 25 Vollbilder überträgt man 50 Halbbilder, bei denen nur jeweils jede zweite Zeile übertragen wird, und zwar alternierend die geraden und die ungeraden Zeilen. Auf diese Weise erhält man ein näherungsweise flimmerfreies Bild mit akzeptabel hoher Zeilenzahl. Der englische Ausdruck für das Zeilensprungverfahren ist *interlaced*, während man die Übertragung in Vollbildern *progressive* nennt.

Innerhalb der einzelnen Zeilen ist die Übertragung bei Bildröhren grundsätzlich ein linearer Vorgang: Es gibt nicht wie beim CCD irgendwelche Spalten oder Pixels. Die Horizontalauflösung ist jedoch auch nicht unendlich, sondern ergibt sich aus der Übertragungsbandbreite. Je feinere Strukturen sich im Bild befinden, desto schneller schwankt auch der Bildpegel.

Bild 1.8: Bild und dazugehörendes Oszillogramm

Bild 1.8 zeigt diesen Zusammenhang im Oszillogramm: Links sehen wir das zu übertragende Bild, nämlich senkrecht stehende Linien in den Farben Schwarz und Weiß, die von links nach rechts immer dünner werden und dementsprechend immer näher zusammenrücken. In Bild 1.8 haben wir eine Übertragungsbandbreite, die deutlich über dem zu übertragenden Signal liegt, was daran zu erkennen ist, dass der Pegel selbst zu den feinen Linien hin nicht abnimmt.

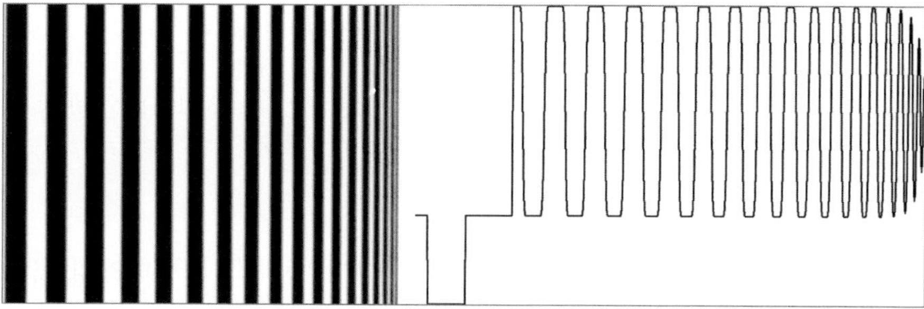

Bild 1.9: Hohe Übertragungsbandbreite

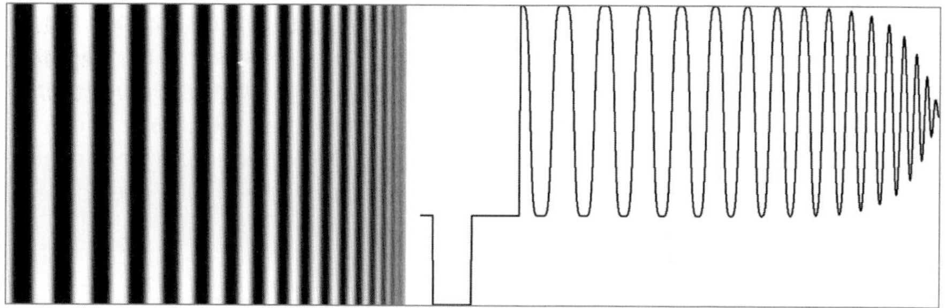

Bild 1.10: Mittlere Übertragungsbandbreite

In der Realität gibt es quasi nie derart hohe Übertragungsbandbreiten, wie sie in Bild 1.8 zu sehen sind. Wenn man – wie in Bild 1.9 – etwa 720 Linien noch klar trennen kann, dann ist dies schon ein recht guter Wert. Die Bilder 1.10 und 1.11 zeigen, dass bei abnehmender Bandbreite die Bilder immer verwaschener werden, während im Oszillogramm die Pegel immer früher und immer stärker sinken.

Der letzte Aspekt des BAS-Signals ist die vertikale Synchronisation. Mit Hilfe des horizontalen Synchronisationsimpulses wird die Synchronisation innerhalb der einzelnen Zeilen bewerkstelligt. Daneben ist aber auch noch sicherzustellen, dass sich Sender und Empfänger in derselben Zeile befinden – es ist also auch noch eine vertikale Synchronisation erforderlich.

Um dafür „Raum“ zu schaffen, enthalten nicht alle theoretisch möglichen 625 Zeilen auch Bildinformationen, sondern nur 576 Zeilen. Vor dem Beginn eines jeden

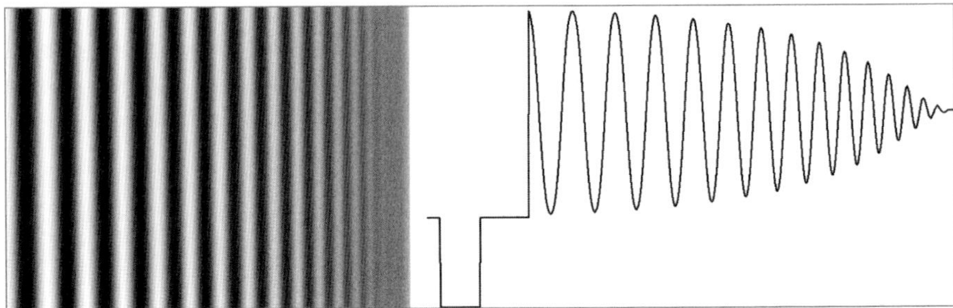

Bild 1.11: Geringe Übertragungsbandbreite

Halbbildes gibt es also 25 Zeilen ohne Bildinformationen, in denen der Strahl wieder von unten nach oben geführt werden kann. Während dieser Strahlrückführung erfolgt nun (das ist bereits vom horizontalen Synchronisationsimpuls bekannt) der vertikale Synchronisationsimpuls.

Bild 1.12 zeigt, dass der vertikale Synchronisationsimpuls grundsätzlich ein breiter Impuls in den negativen Bereich ist. Da er viel breiter ist als der horizontale Synchronisationsimpuls, lässt er sich auch recht einfach von diesem unterscheiden. Um die Zeilensynchronisation während der vertikalen Synchronisationsimpulse beizubehalten, wird er im Takt der doppelten Zeilenfrequenz unterbrochen, ebenso wie der Zeitraum zweieinhalb Zeilen davor und zweieinhalb Zeilen danach – man nennt dies die Vor- bzw. die Nachtrabanten.

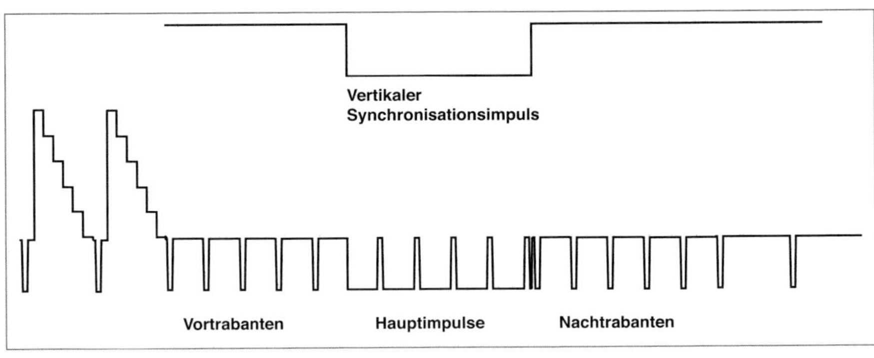

Bild 1.12: Vertikaler Synchronisationsimpuls

1.1.3 Farbsignale

Das BAS-Signal ist ein reines Luminanzsignal. Es werden also nur Helligkeiten übertragen. Informationen über die Farbe kommen darin nicht vor, weshalb ein reines Graustufenbild vorliegt. Nicht ganz korrekt wird dies auch ein Schwarz-Weiß-Bild genannt.

Für eine Farbübertragung werden stets drei Informationen benötigt:

- Entweder fügt man zur Luminanz noch die Informationen Farbton und Sättigung hinzu,
- oder man fügt zur Luminanz noch zwei Chrominanzinformationen (üblicherweise Rot und Blau) hinzu,
- oder man überträgt die Informationen für Rot, Grün und Blau getrennt und lässt die Luminanz weg (die sich aber aus den anderen Informationen ergibt).

Diese drei Möglichkeiten sind zunächst einmal gleichwertig und lassen sich ineinander umrechnen. Bei der Signalübertragung interessiert jedoch nicht nur, welche Informationen in den Signalen enthalten sind, sondern auch die benötigte Bandbreite und Details wie die Kompatibilität zur Graustufenübertragung.

Farbe ist zunächst einmal eine Information in einem Frequenzband zwischen etwa 380 und 780 nm Wellenlänge. Dort gibt es deutlich mehr unterschiedliche Farben als nur Rot, Grün und Blau. Farbübertragung wird jedoch zu dem Zweck durchgeführt, dass das Ergebnis von Menschen mit dem Auge betrachtet wird, weshalb es keinerlei Veranlassung gibt, die Farbinformation präziser zu übertragen, als sie vom menschlichen Auge überhaupt wahrgenommen werden kann.

Im menschlichen Auge gibt es zwei Arten von Rezeptoren: die für die Helligkeitswahrnehmung zuständigen Stäbchen und die für die Farbwahrnehmung nötigen Zäpfchen. Von den Zäpfchen gibt es drei Typen, die auf unterschiedliche Wellenlängen des Lichtes ansprechen und für die Grundfarben Rot, Grün und Blau zuständig sind. Das menschliche Auge kann dabei nicht unterscheiden, ob eine Farbe spektralrein ist (also nur aus Licht derselben Wellenlänge besteht) oder ob es sich um eine Mischfarbe handelt. Somit reicht es auch in der Bildtechnik aus, die drei Grundfarben zu übertragen.

Zu diesem Zweck wird das Bild in einer Kamera mittels Farbfilter in Bilder der Farben Rot, Grün und Blau aufgeteilt. Während es im Consumer-Bereich Kameras gibt, bei denen die Farbfilter direkt vor der Aufnahmeröhre bzw. inzwischen vor dem Aufnahmechip angebracht sind (sog. 1-Chip-Kameras), arbeitet man im professionellen und semiprofessionellen Bereich mit 3-Chip-Kameras (früher 3-Röhren-Kameras), bei denen das Bild zunächst mittels eines Prismas in drei Einzelbilder aufgeteilt , dann durch Farbfilter geführt wird und anschließend auf drei einzelne

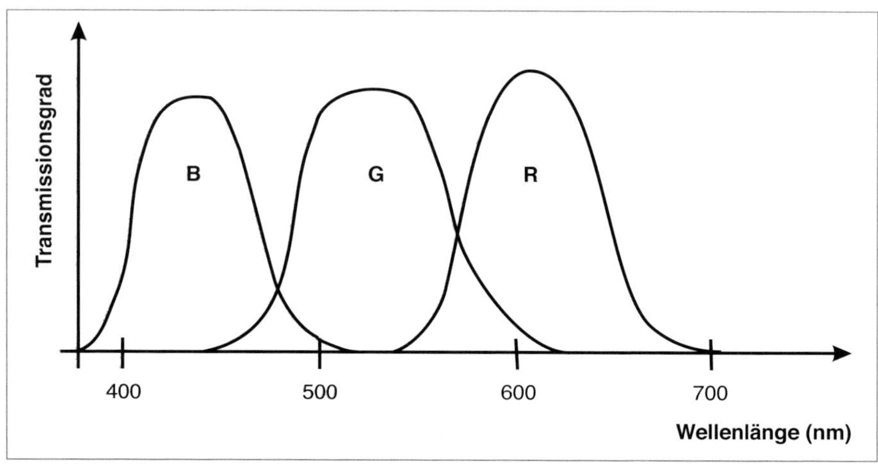

Bild 1.13: Transmissionsgrade der Farbfilter bei einer 3-Chip-Kamera

Aufnahmechips trifft. Bild 1.13 zeigt die Transmissionsgrade der drei Farbfilter in einer typischen 3-Chip-Kamera. Die Maxima der Transmissionsgrade unterscheiden sich leicht, dies ist, ebenso wie die unterschiedliche Empfindlichkeit der Aufnahmechips, durch entsprechende Verstärkung auszugleichen.

1.1.4 Das RGB-Signal

Die Signalverarbeitung bei einer 3-Chip-Kamera unterscheidet sich zunächst nicht von der einer Graustufenkamera, mit dem Unterschied, dass alles dreimal vorhanden ist – einmal für Rot, einmal für Grün, einmal für Blau. Das gewöhnliche RGB-Signal besteht aus drei Einzelsignalen, die ihrerseits jeweils BAS-Signale sind – also inklusive der horizontalen und vertikalen Austastsignale und inklusive der horizontalen und vertikalen Synchronisationssignale.

Bild 1.14 zeigt die Oszillogramme der Komponenten R, G und B bei 100/100- und 100/75-Farbbalken. Solche Farbbalken sind ein in der Studiotechnik übliches Testsignal und beinhalten die drei Grundfarben, die drei Mischfarben sowie Schwarz und Weiß.

Beim 100/100-Farbbalken werden die Grundfarben R, G und B in unterschiedlicher Reihenfolge und Länge an- und abgeschaltet. Zunächst sind alle drei Grundfarben angeschaltet, sodass sie sich gemäß der additiven Farbmischung zu Weiß ergänzen. Danach alterniert Blau bei jedem Balken, Rot bei jedem zweiten Balken, während Grün in den ersten vier Balken vertreten ist. Im letzten Balken ist somit keine einzige der drei Farben enthalten, sodass dieser schwarz bleibt.

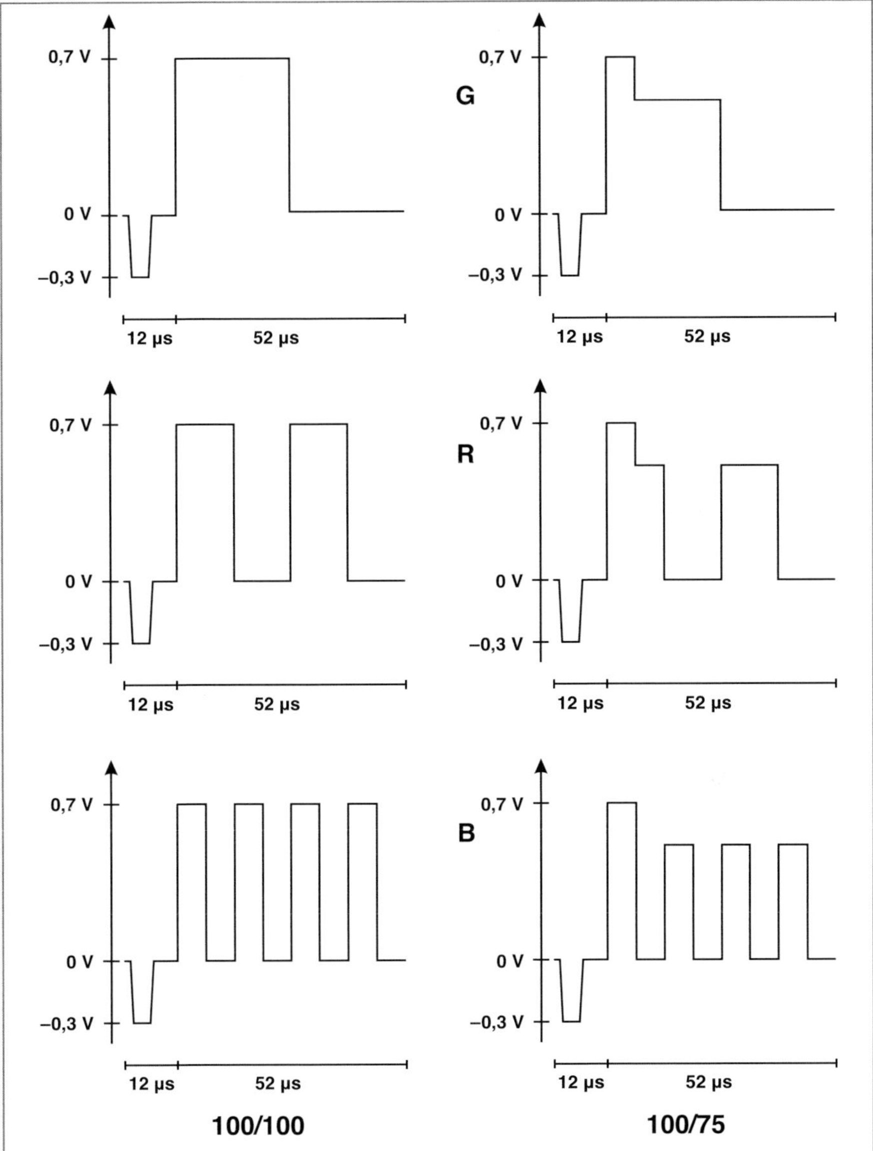

Bild 1.14: Die Farbkomponenten beim 100/100- und 100/75-Farbbalken

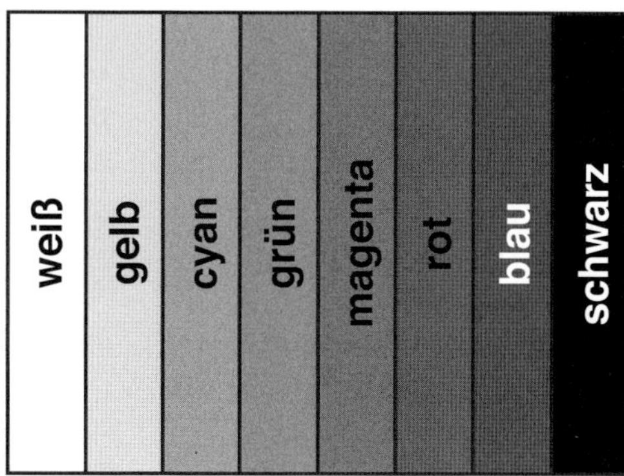

Bild 1.15: Die Farbreihenfolge beim Farbbalken

Beim 100/75-Farbbalken sind nur beim Weiß-Balken alle Farben zu 100 % vertreten, während sie danach nur noch einen Pegel von 75 % aufweisen. Damit wird sichergestellt, dass die zulässigen Spannungswerte beim Komponentensignal und den davon abgeleiteten Signalen nicht überschritten werden. Als Steckverbinder für das RGB-Signal werden BNC-Stecker oder SUB-D-Multipin-Stecker („VGA-Stecker") verwendet.

1.1.5 Das Komponentensignal

Das RGB-Signal ermöglicht eine qualitativ hochwertige Farbübertragung, ist aber zum Luminanzsignal („Schwarz-Weiß-Fernsehen") inkompatibel und benötigt daher eine unnötig hohe Übertragungsbandbreite. Wo es darauf nicht ankommt – z. B. bei der Übertragung von der Grafikkarte eines Computers zum Monitor –, wird daher immer noch gerne ein analoges RGB-Signal verwendet (auch wenn dies zunehmend durch digitale Formate wie DVI und HDMI abgelöst wird).

In der (Fernseh-)Studiotechnik arbeitet man jedoch bevorzugt mit dem Komponentensignal. Die „Komponenten" sind dabei das Luminanzsignal sowie zwei Chrominanzsignale. Diese drei Signale werden aus dem RGB-Signal nach den folgenden Formeln abgeleitet:

$$Y = 0{,}299\,R + 0{,}587\,G + 0{,}114\,B$$

$$C_R = 0{,}713\,(R - Y)$$

$$C_B = 0{,}564\,(B - Y)$$

Zu sehen ist, dass im Luminanzsignal Y die drei Farben mit unterschiedlicher Intensität vertreten sind: Mit 58,7 % am stärksten vertreten ist die Farbe Grün, denn dort hat auch das menschliche Auge die höchste Empfindlichkeit. Danach folgen mit 29,9 % Rot und mit 11,4 % Blau. Die Farbdifferenzsignale C_R und C_B werden aus der Differenz zwischen der Farbe und dem Luminanzsignal gebildet und mit entsprechenden Faktoren gewichtet.

Die Bilder 1.16 bis 1.18 sind mit der Software ViWaMo erstellt worden, daher fehlen die Austast- und Synchronisationssignale. Zur Orientierung ist das Originalbild unterlegt worden (was im Druck nur beschränkt gut zu erkennen ist). Besser zu erkennen ist, warum die Farbdifferenzsignale C_R und C_B mit den angegebenen Faktoren verrechnet werden: Diese sind dazu nötig und exakt so gewählt, dass bei den 100/100-Balken und maximaler Farbsättigung das Signal den zur Verfügung stehenden Spannungsbereich voll ausnutzt, ihn aber nicht überschreitet. Deutlich zu erkennen ist auch, dass bei den Farben Weiß und Schwarz die Chrominanzsignale bei exakt 50 % verlaufen.

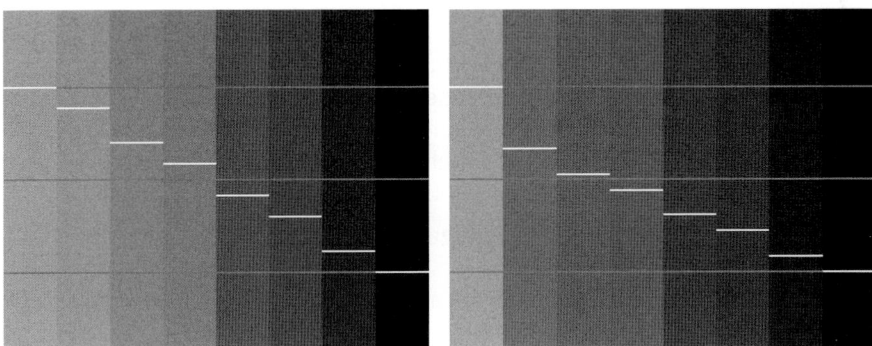

Bild 1.16: Luminanzsignale (Y) der 100/100- und 100/75-Balken

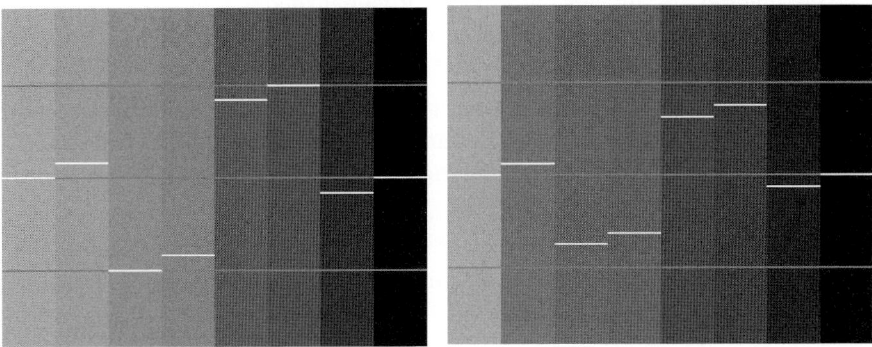

Bild 1.17: Chrominanzsignale C_R der 100/100- und 100/75-Balken

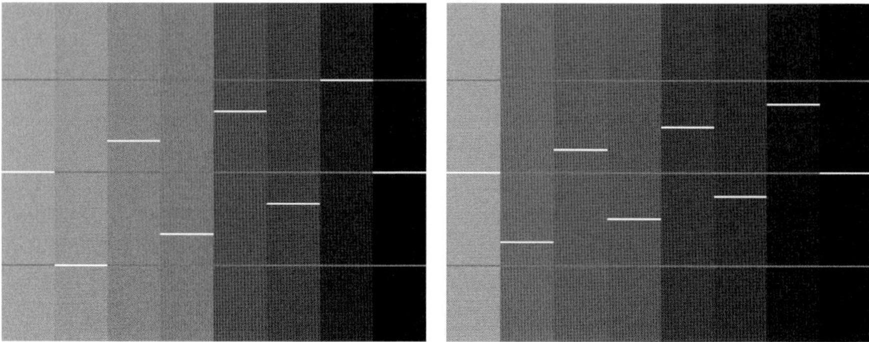

Bild 1.18: Chrominanzsignale C_B der 100/100- und 100/75-Balken

Neben der Kompatibilität zum Graustufensignal hat das Komponentensignal noch einen weiteren Vorteil gegenüber dem RGB-Signal: Es spart Bandbreite. Das menschliche Auge hat deutlich mehr für die Helligkeitswahrnehmung zuständigen Stäbchen als die für die Farbwahrnehmung zuständigen Zäpfchen. Technisch gesprochen: Das menschliche Auge löst Luminanz feiner auf als Chrominanz.

Folglich kann auch die Chrominanz mit geringerer Bandbreite übertragen werden. Bei datenreduzierten Bildformaten wie z. B. JPEG ist es ein völlig übliches Verfahren, dass die Chrominanzinformationen mit geringerer Auflösung übertragen werden.

Wenn man sich von einem realen datenreduzierten Bild die einzelnen Komponenten getrennt ansieht, dann fällt dabei auf, dass die Luminanz viel kontrastreicher und detaillierter aussieht als die beiden Chrominanzbilder. Dies liegt daran, dass die Farbinformation mit einer deutlich geringeren Auflösung vorliegt – was aber zumindest dem ungeschulten Auge nicht auffällt.

Beim analogen Komponentensignal wird die Luminanz für gewöhnlich mit 5 MHz übertragen, während man die beiden Chrominanzkanäle auf bis zu 1,3 MHz reduzieren kann. Statt 15 MHz für RGB benötigt man jetzt nur noch 7,6 MHz, also etwa die Hälfte.

Studiointern arbeitet man jedoch häufig mit höheren Chrominanzbandbreiten (z. B. 2 MHz), damit Techniken wie Chromakeying („Green Screen") brauchbar funktionieren.

Wird das Komponentensignal für die Weiterverarbeitung mit der PAL-Quadraturmodulation berechnet, dann werden andere Gewichtungsfaktoren verwendet und die damit berechneten Chrominanzsignale U und V genannt:

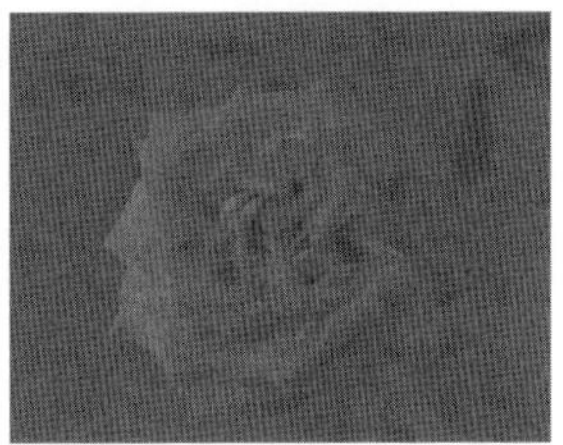

Bild 1.19: Y, C_R und C_B eines realen Bildes

$$Y = 0{,}299\,R + 0{,}587\,G + 0{,}114\,B$$
$$V = 0{,}877\,(R - Y)$$
$$U = 0{,}493\,(B - Y)$$

Durch den höheren Gewichtungsfaktor im roten Farbdifferenzsignal kommt man bei Farben mit voller Helligkeit und Sättigung (100/100-Balken) auf Werte im sogenannten illegalen Bereich, also über 0,7 V und unter 0 V.

Als Steckverbinder für das RGB-Signal werden im Studiobereich BNC-Stecker und im Consumer-Bereich Cynch-Stecker verwendet.

1.1.6 Das Y/C-Signal („S-Video") und Composite

Bei der Einführung des Farbfernsehens gab es nicht nur die Anforderung, dass die neuen Farbsignale kompatibel zum althergebrachten Luminanzsignal („Schwarz-Weiß-Fernsehen") zu sein hatten. Darüber hinaus sollte das neue Signal nicht mehr Bandbreite benötigen als die bisherigen 5 MHz des Luminanzsignals. Während die Forderung nach Auf- und Abwärtskompatibilität mit dem Komponentensignal vergleichsweise einfach zu erfüllen ist, ist die Unterbringung von mehr Informationen in derselben Bandbreite alles andere als trivial und ohne Verständnis der Fourier-Transformation auch nicht vollständig zu verstehen.

Grob verkürzt ist das Vorgehen wie folgt: Die beiden bandbreitenreduzierten Komponentensignale U und V werden auf einen sogenannten Farbhilfsträger von 4,4 MHz aufmoduliert. Die Frequenz wurde so gewählt, dass die Farbinformation in dem Frequenzbereich untergebracht wird, in dem das Luminanzsignal wegen der Austastlücke keine Informationen hat. Damit beide Farbsignale auf denselben Farbhilfsträger aufmoduliert werden können, werden sie um 90° in der Phase gegeneinander verschoben. Dies hat zur Folge, dass bei einem Übergang von einer Farbe zu einer ganz anderen ein Phasensprung auftritt. Da dieser bei beschränkter Bandbreite nicht exakt übertragen werden kann, können kontrastreiche horizontale Farbwechsel (z. B. beim 100/100-Balken) nicht randscharf übertragen werden.

Chrominanzsignal und Luminanzsignal können nun zusammengeführt werden, da sie innerhalb der gemeinsamen Bandbreite von 5 MHz getrennte Frequenzbereiche belegen. Das damit erzeugte Signal ist das Composite-Signal, das mit einer einzelnen Leitung übertragen werden kann. (In der Studiotechnik verwendet man dafür BNC, im Consumer-Bereich Cynch.)

Die größten Einbußen bei der Übertragung im Composite-Format erhält man dadurch, dass bei der späteren Trennung von Luminanz und Chrominanz entweder die Filter nicht steilflankig genug sind, um die Signale sauber zu trennen, oder wegen ihrer Steilflankigkeit ein schlechtes Phasenverhalten aufweisen und darüber das Bild verschlechtern. Von daher gibt es einen Mittelweg zwischen der qualitativ hochwertigen, aber aufwendigen (drei Leitungen) Übertragung als Component-Signal und der unaufwendigen (nur eine Leitung), aber qualitativ minderwertigen Übertragung als Component-Signal: Das Y/C-Signal. Auch hier werden die Farbkomponenten U und V auf einen Farbhilfsträger aufmoduliert, und auch hier hat man ein entsprechendes Problem mit kontrastreichen horizontalen Farbwechseln, aber Luminanz und Chrominanz werden getrennt geführt und müssen deshalb nicht auseinandergefiltert werden. Man setzt nun zwei statt einer oder drei Leitungen ein, akzeptiert die Quadraturmodulation, spart sich aber die Filterproblematik.

Leider haben sich für das Y/C-Verfahren die doch mechanisch eher zweifelhaften Mini-DIN-Steckverbinder durchgesetzt. Nur in der Studiotechnik, bei der man ohnehin gleich mit Component-Signalen arbeitet, findet man mechanisch brauchbare Steckverbinder.

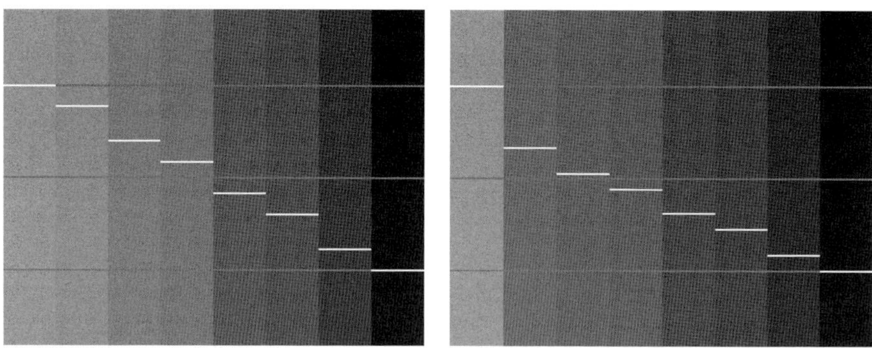

Bild 1.20: Luminanzsignale (Y) der 100/100- und 100/75-Balken

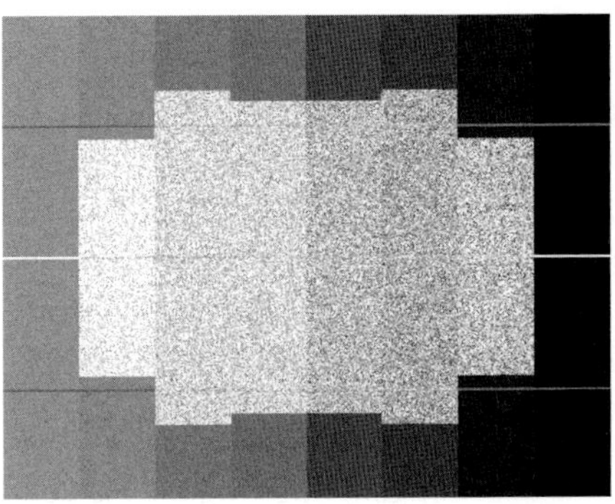

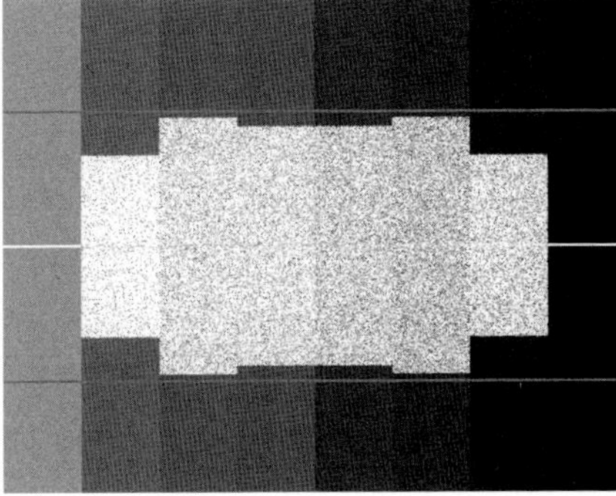

Bild 1.21: Chrominanzsignale (C) der 100/100- und 100/75-Balken

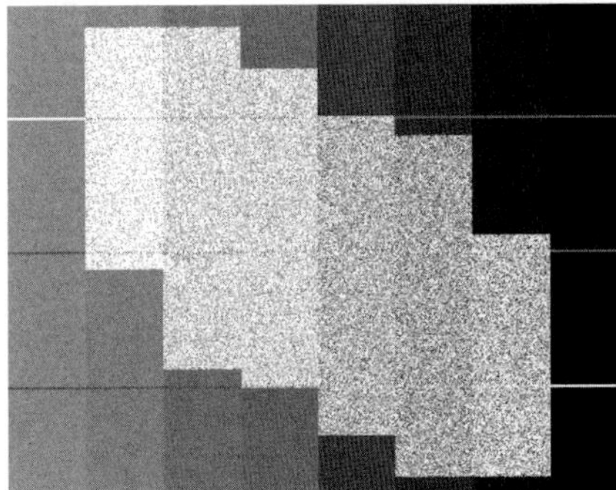

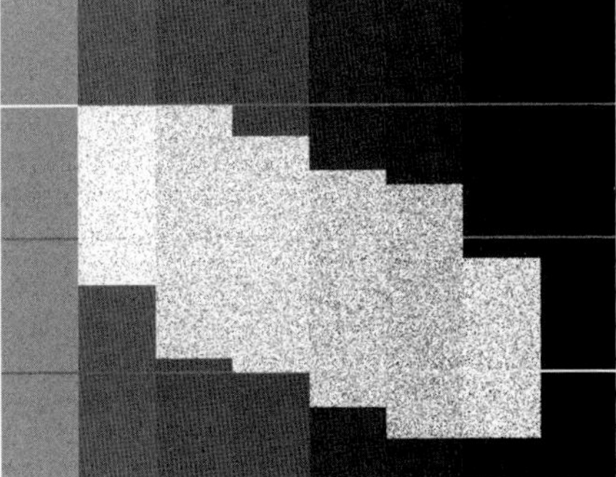

Bild 1.22: Compositesignale der 100/100- und 100/75-Balken

Die Bilder 1.20 bis 1.22 zeigen die Waveformdiagramme von Luminanz, Chrominanz und Composite bei 100/100- und 100/75-Balken. Durch die Aufmodulation der Farbinformationen auf einen hochfrequenten Träger werden Farbinformationen „flächig“ (beim ViWaMo allerdings über eine Random-Funktion simuliert und daher nicht ganz gleichmäßig).

Wie in Bild 1.21 zu sehen ist, kommt man bei den kräftigen Farben der 100/100-Balken schon beim Chrominanz- und dann vor allem beim Composite-Signal in den illegalen Bereich. Mit einem Composite-Signal kann man also den 100/100-Balken nicht korrekt übertragen.

Bei der Betrachtung des 100/75-Balkens erkennt man dann, warum die Gewichtungsfaktoren der Komponenten U und V so gewählt sind: In Kombination mit dem 100/75-Balken sorgen sie dafür, dass die Balken Weiß, Gelb und Cyan ihre obere (bei Weiß einzige) Linie auf 100 % haben. Dadurch kann man eine analoge Übertragungs- oder Wiedergabeeinheit (z. B. einen analogen Videorecorder) mittels eines Waveformmonitors leicht abstimmen: Man regelt zunächst den Pegel für Y so, dass die Linie bei Weiß auf 100 % liegt. Anschließend regelt man den Pegel für V so, dass die Oberkante von Gelb ebenfalls auf 100 % liegt. Zuletzt regelt man U so, dass die Oberkante von Cyan abermals auf 100 % liegt.

Bei den dunkleren Balken kommt der Pegel auch beim 100/75-Balken unter 0 V. Dies ist von daher unproblematisch, als dass der Pegel nicht unter –0,3 V kommt und dank der hohen Trägerfrequenz die Peaks auch zu kurz sind, als dass sie mit dem horizontalen Synchronisationsimpuls verwechselt werden könnten.

1.1.7 Das unkomprimierte digitale Audio-Signal

Auch bei den digitalen Signalen sind die Audio-Signale einfacher zu verstehen, sodass auch hier die Betrachtung damit begonnen werden soll.

Digitale Audio-Signale sind zeit- und wertdiskrete digitale Signale. Was darunter zu verstehen ist, klärt ein Blick auf Bild 1.23: Dieses zeigt ein analoges Sinussignal, das mit 4 Bit quantisiert wurde. Eine Sinus-Vollwelle wurde dabei zunächst in 32 Abschnitte unterteilt, wodurch das Signal *zeitdiskret* wurde. In jedem dieser Abschnitte schwankt der analoge Wert. Für die sogenannte Quantisierung wurde hier der Wert in der Mitte des Zeitabschnittes herangezogen.

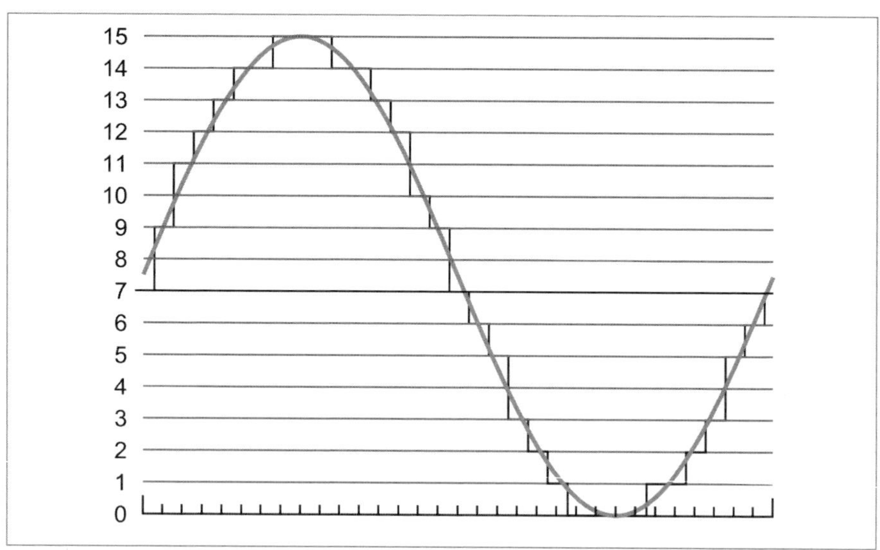

Bild 1.23: Ein mit 4 Bit quantisiertes Sinus-Signal

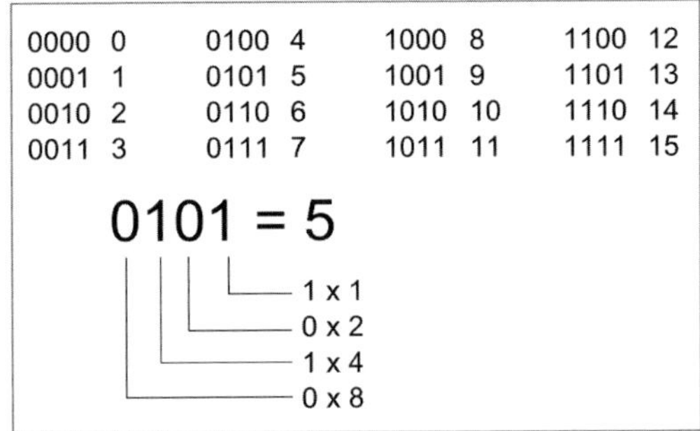

Bild 1.24: Darstellbarer Bereich bei 4 Bit

Dieser Wert wurde nun in einen 4-Bit-Digital-Wert gewandelt. Mit 4 Bit kann man nicht beliebig viele Werte darstellen, sondern gerade mal den Bereich von 0 bis 15 (siehe Bild 1.24), von daher ist das Signal nun auch wertdiskret.

Diese einzelne Sinuswelle würde digital gewandelt wie folgt aussehen:

0111 1001 1011 1100 1101 1110 1110 1111
1111 1110 1110 1101 1110 1010 1001 0111
0110 0101 0011 0010 0001 0000 0000 0000
0000 0001 0001 0010 0011 0101 0110 0111

Ein solches unkomprimiertes digitales Format nennt man Pulse Code Modulation (PCM).

Die Abtastrate gibt die Zahl der Werte an, die pro Sekunde ermittelt werden. In der Audiotechnik übliche Abtastraten sind 44,1 kHz (CD, 44 100 Werte pro Sekunde), 48 kHz und 96 kHz. Gemäß dem Nyquist-Shannon-Abtasttheorem muss die Abtastrate mindestens das Doppelte der höchsten zu übertragenden Frequenz sein. Der Frequenzbereich von Audiosignalen wird meist als 20 Hz bis 20 kHz angegeben, dementsprechend sollte die Abtastrate mindestens 40 kHz betragen.

Die Bitrate oder Quantisierungsrate gibt an, mit wie viel Bit das Signal quantisiert wird. Aus der Bitrate z berechnet sich die Anzahl der möglichen Stufen n gemäß der folgenden Formel:

$$n = 2^z$$

Je höher die Bitrate, desto genauer kann das quantisierte Signal später reproduziert werden, desto höher ist die Wiedergabequalität. Aus der Bitrate berechnet sich bei sinusförmigem Nutzsignal das sogenannte Quantisierungsrauschen nach der folgenden Formel:

$$R = z \cdot 6{,}02\,dB + 1{,}76\,dB$$

Ran rechnet in etwa mit 6 dB pro Bit, sodass bei 16 Bit (CD-Qualität) ein Signal-Rauschabstand von theoretisch etwa 96 dB möglich wäre. Dabei ist jedoch zu beachten, dass zum Quantisierungsrauschen noch andere Störquellen hinzukommen (z.B. das thermische Rauschen bei der analogen Signalbearbeitung).

Als Datei wird dieses Signal meist als RIFF Wave-Datei gespeichert. RIFF steht dabei für Resource Interchange File Format, ein Container-Format für Multimedia-Daten. Da das Signal nicht komprimiert ist, werden die Dateien hier recht groß. Wenn man vom etwa 44 Byte großen Header absieht, beträgt die Dateigröße G in etwa:

$$G = k \cdot z_8 \cdot f \cdot t$$

Dabei ist k die Kanalzahl, z_8 die Bitrate in Byte (aufgerundet auf ganze Byte-Werte), f die Abtastrate und t die Zeitdauer in Sekunden. Ein 16-Stereo-Signal von einer Stunde Länge und einer Abtastrate von 44,1 kHz hat somit die folgende Dateigröße:

$$G = 2 \cdot 2 \cdot 44100 \cdot 3600\,s = 635040000\,Byte = 605{,}6\,MByte$$

Die erforderliche Datenrate D berechnet sich wie folgt:

$$D = k \cdot z \cdot f$$

Ein 16-Stereo-Signal hätte somit folgende Datenrate:

$$D = 2 \cdot 16\,Bit \cdot 44100 = 1{,}35\,MBit/s$$

Je nach Codierung wird dafür eine Bandbreite von 675 kHz oder 1,35 MHz benötigt. Als Fazit kann man sich hier merken: Unkomprimierte digitale Signale haben eine höhere Bandbreite.

1.1.8 Das komprimierte digitale Audio-Signal

Wie eben berechnet, sind unkomprimierte Audio-Signale recht groß – gespeichert brauchen sie große Datenträger, in der Übertragung große Bandbreiten. Daher wurden verschiedene Verfahren entwickelt, um digitale Audio-Signale zu komprimieren.

Grundsätzlich werden dabei verlustbehaftete und verlustfreie Kompressionsverfahren unterschieden. Bei verlustfreien Kompressionsverfahren kann man das ursprüngliche Signal exakt wiederherstellen. Solche Verfahren kennt man vor allem aus der Datentechnik. Erstellt man aus einer Wave-Datei ein ZIP-Archiv, dann beträgt die Dateigröße anschließend nur noch etwa die Hälfte, bei fortschrittlicheren Verfahren wie 7z sogar nur noch rund ein Zehntel. Der Vorteil von verlustfreien

Kompressionsverfahren liegt darin, dass man beliebig oft komprimieren und wieder dekomprimieren kann (z. B. um dazwischen Bearbeitungen vorzunehmen), ohne dass sich dadurch das Signal verschlechtert.

In der Audio-Technik durchgesetzt haben sich verlustbehaftete Kompressionsverfahren wie MP3, da mit ihnen eine stärkere Datenreduktion möglich ist. Solche Kompressionsverfahren nutzen einige Schwächen des menschlichen Gehörs gezielt aus, um Anteile aus dem Signal zu entfernen, die man ohnehin nicht oder kaum wahrnimmt.

Konkret geht es vor allem um die folgenden Eigenschaften des Gehörs:

- Die höchste Empfindlichkeit hat das menschliche Gehör bei mittleren Frequenzen. Signalanteile bei hohen oder tiefen Frequenzen benötigen einen deutlich höheren Pegel, um überhaupt wahrgenommen zu werden. Hat ein Signal in diesen Frequenzbändern geringe Pegel, so brauchen diese nicht übertragen zu werden.
- Signale mit einem geringeren Pegel können von Signalen höheren Pegels übertönt werden, und dies umso mehr, je ähnlicher ihre Frequenz ist. Ein Signal, das einen Sinuston von 1 kHz bei 80 dB SPL mit einem Sinuston von 1,05 kHz bei 50 dB SPL kombiniert, kann auf den zweiten Ton verzichten.
- Zusätzlich gibt es bei einem Stereo-Signal häufig eine hohe Ähnlichkeit der beiden Signale, insbesondere bei den tiefen Frequenzen.

Bei allen gängigen verlustbehafteten Kompressionsverfahren lässt sich die Bitrate einstellen. Bei hohen Bitraten (etwa 128 kBit/s) sind die Ergebnisse von den meisten Menschen im Blindtest nicht mehr von unkomprimierten Audio-Signalen zu unterscheiden – solche Bitraten ließen sich aber auch mit modernen verlustfreien Verfahren erreichen.

Bei geringeren Bitraten hängt die Hörbarkeit des Kompressionsverlustes maßgeblich vom Verfahren (moderne Verfahren sind besser als ältere Verfahren wie z. B. MP3) und vom zu übertragenden Signal ab.

1.1.9 Das unkomprimierte digitale Videosignal

Digitale Videosignale haben als Grundlage das analoge Komponentensignal oder – inzwischen nur noch sehr selten – das analoge Kompositsignal. Beim analogen Kompositsignal geht man – wie unter 1.1.6 bereits beschrieben – einige Kompromisse im Bereich der Signalqualität ein. Eine Digitalisierung dieses Signals kann diese Probleme nicht verbessern, zumal durch die Digitalisierung des Synchronisationsimpulses auch erheblich Dynamik „verschenkt“ wird. Der einzige wirkliche Vorteil gegenüber dem analogen Signal liegt in der verlustfreien Kopierbarkeit.

Aus gutem Grund setzt man inzwischen so gut wie ausschließlich auf dem digitalen Komponentensignal auf. Bild 1.25 zeigt, wie dort die einzelnen Komponenten digitalisiert werden.

So, wie man das Luminanz-Signal und die beiden Chrominanz-Signale mit unterschiedlichen Bandbreiten übertragen kann, so kann man sie auch mit unterschiedlichen Auflösungen digitalisieren. Quasi-Standard ist hier die Abtast-Struktur 4:2:2. Das heißt, dass auf vier Luminanz-Werte zwei C_R- und zwei C_B-Werte kommen.

Die gebräuchlichen Abtast-Strukturen stellt Bild 1.26 dar:

- Bei der Abtast-Struktur 4:4:4 werden die beiden Chrominanzsignale mit der gleichen Auflösung abgetastet wie das Luminanzsignal. Dies ergibt sowohl die

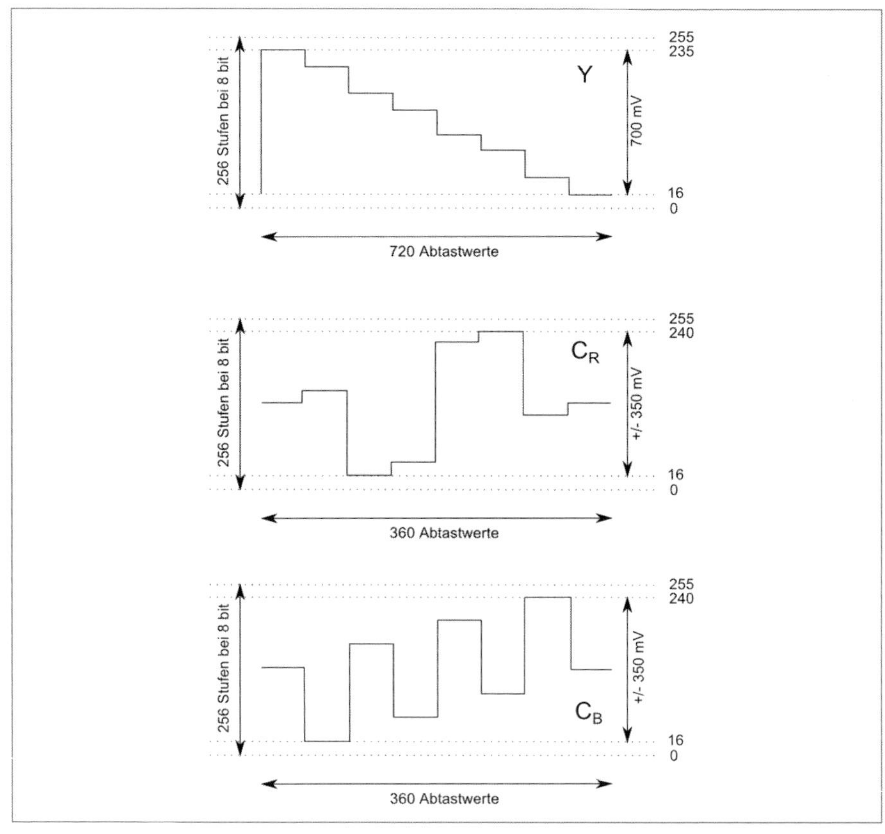

Bild 1.25: Im Format 4.2.2 abgetastetes Komponentensignal

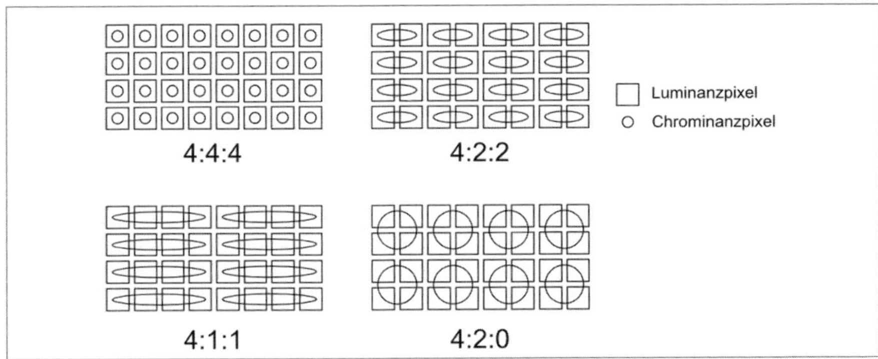

Bild 1.26: Die gebräuchlichen Abtaststrukturen

höchste Signalqualität als auch die höchste Datenmenge. Gerechtfertigt ist dieser Aufwand, wenn das Signal z. B. für die Chromakey-Verfahren weiterverarbeitet wird.

- Bei der Abtast-Struktur 4:2:2 werden die beiden Chrominanzsignale mit jeweils der halben Luminanz-Auflösung abgetastet. Diese Abtast-Struktur gilt als Standard in der professionellen Video-Technik.
- Bei der Abtast-Struktur 4:1:1 werden die beiden Chrominanzsignale mit jeweils der viertel Luminanz-Auflösung abgetastet. Die Auflösung ist hier zwar immer noch höher als beim analogen PAL-Verfahren, für die Studio-Technik, insbesondere für Chromakey-Verfahren ist diese Chrominanzauflösung jedoch zu gering. Zudem ist die Chrominanzabtastung recht unsymmetrisch, da vertikal jede Zeile, horizontal jedoch nur jedes vierte „Pixel" abgetastet wird.
- Eine Alternative zu 4:1:1 ist die Abtast-Struktur 4:2:0: Hier wird horizontal jedes zweite Pixel, vertikal jedoch auch nur jede zweite Zeile abgetastet, sodass bei der gleichen Datenmenge wie 4:1:1 die Chrominanzabtastung symmetrischer erfolgt.

Bei der Abtast-Struktur 4:2:2 haben wir pro Bildzeile 720 Luminanz-Werte, 360 C_R- und 360 C_B-Werte. Da die in Bild 1.25 nicht verzeichneten horizontalen Austastlücken ebenfalls abgetastet werden, fallen pro Bildzeile tatsächlich 864 plus 432 plus 432 gleich 1 728 Werte an.

Die Zeilen werden mit 8 oder 10 Bit quantisiert. Bei der Luminanz wird hier nicht der Bereich von 0 bis 700 mV gesampelt, sondern der Bereich von –48 mV bis 761 mV, sodass nach oben und unten noch eine geringe Reserve besteht. Auch bei der Chrominanz gibt es an den Rändern jeweils ein paar Bit Reserve.

Bei einer Auflösung von 8 Bit beziehungsweise 10 Bit ergeben sich somit die folgenden Bandbreiten:

$$B = (864 + 432 + 432)\,\text{Pixel} \cdot 625\,\text{Zeilen} \cdot 25\,\text{Hz} \cdot 8\,\text{Bit} = 216000000\,\frac{\text{Bit}}{\text{s}}$$

$$B = (864 + 432 + 432)\,\text{Pixel} \cdot 625\,\text{Zeilen} \cdot 25\,\text{Hz} \cdot 10\,\text{Bit} = 270000000\,\frac{\text{Bit}}{\text{s}}$$

1.1.10 SDI

Der Datenstrom beim unkomprimierten digitalen Video-Signal kann seriell (also ein Bit nach dem anderen) übertragen werden. Das Format nennt sich *Serial Digital Interface*, kurz SDI. SDI-Signale werden über herkömmliche 75-Ohm-Koaxleitungen übertragen, sodass man die Leitungen aus der Analogtechnik weiterverwenden kann. (Ist die Studioverkabelung auf Komponent-Signale ausgelegt, kann auch die dreifache Menge an Videosignalen übertragen werden.) Als Steckverbinder werden die auch in der Analogtechnik eingesetzten BNC-Stecker verwendet.

Im Gegensatz zur analogen Übertragung wird die Signalqualität nicht gleichmäßig mit zunehmender Leitungslänge schlechter. Stattdessen bleibt die Signalqualität bis zu einer gewissen Leitungslänge (bei üblichen Leitungen so in der Region 250 m) quasi unverändert. Dann nimmt jedoch die Fehlerhäufigkeit innerhalb eines kurzen Bereichs rapide zu – man spricht hier auch vom *brick wall effect*, siehe auch Bild 1.27. Mit Hilfe von Aufholverstärkern, die zwischen längeren Leitungsstücken geschaltet werden, kann man dafür sorgen, dass die Signalamplitude wieder ausreichend groß und die Signale auch wieder steilflankig werden.

1.1.11 Das komprimierte digitale Videosignal

Ein mit 8 Bit quantisiertes 4:2:2-Signal hat eine Datenrate von 216 MBit/s und benötigt für die Übertragung eine Bandbreite von mindestens 108 MHz. Das von der Abtastung vergleichbare Komponentensignal hat eine Luminanzbandbreite von 5 MHz und eine Chrominanzbandbreite von zweimal 2 MHz, die Gesamtbandbreite wäre hier 9 MHz – das unkomprimierte digitale Signal benötigt also die zwölffache Bandbreite.

Im Bereich der Studio-Verkabelung ist diese Bandbreiten-Anforderung kein größeres Problem, da diese von herkömmlichen Koaxial-Leitungen bewerkstelligt werden können. Im Bereich der Fernstrecken-Übertragung und der Aufzeichnung sind solch hohe Bandbreitenanforderungen jedoch unerwünscht, sodass das digitale Videosignal häufig komprimiert übertragen wird.

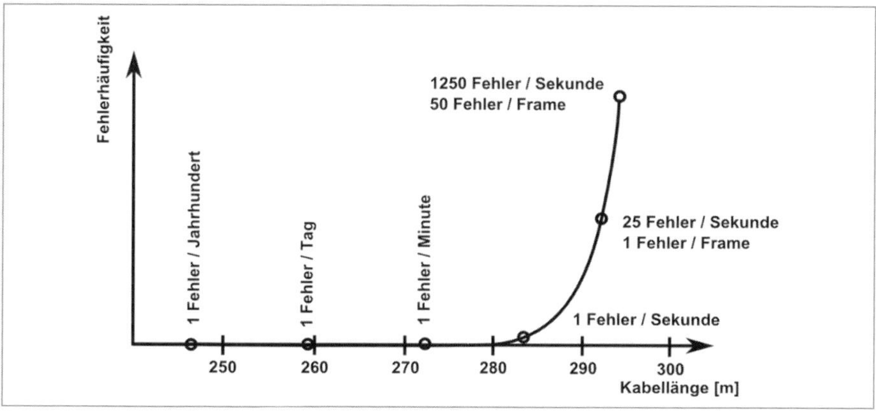

Bild 1.27: Fehlerhäufigkeit mit zunehmender Leitungslänge

Bei der Komprimierung von Videosignalen begegnet man häufig den Begriffen Redundanzreduktion, Irrelevanzreduktion und Relevanzreduktion.

- Unter Redundanzreduktion wird die Vermeidung einer wiederholten Übertragung derselben Informationen verstanden. Klassisches Beispiel dafür wäre ein Testbild. Dieses braucht nicht 25-mal pro Sekunde übertragen zu werden, es reicht völlig aus, es einmal oder noch seltener pro Sekunde zu übertragen, begleitet von der Information, dass die anderen Bilder gleichen.
- Eine Irrelevanzreduktion ist eine Datenreduktion, die nicht oder kaum wahrnehmbare Abweichungen zum Original erzeugt. Bei Standbildern sind das kleine Abweichungen in Details, leichte Farbabweichungen sowie etwas größere Farbabweichungen in kleinen Details. Bei Bewegtbildern sind insgesamt größere Abweichungen in den Details hinnehmbar, da die Aufmerksamkeit des Betrachters mehr auf die Bewegung gerichtet ist.
- Von einer Relevanzreduktion spricht man dann, wenn die Datenreduktion in einem Umfang durchgeführt wird, die vom durchschnittlichen Betrachter wahrgenommen wird. Die vom Betrachter wahrgenommene Abweichung wird hier aus ökonomischen Gründen toleriert.

Ab wann eine Datenreduktion wahrgenommen und ab wann sie als störend empfunden wird, hängt von mehreren Umständen ab, z. B. vom Inhalt des Bildes, vom Umfang der Bewegung oder von der Geübtheit des Auges des Betrachters. Als Grenze zwischen Redundanzreduktion und Irrelevanzreduktion wird in der Literatur oft ein Kompressionsfaktor von zwei bis drei genannt, während die Grenze zwischen Irrelevanzreduktion und Relevanzreduktion bei einem Wert von etwa zehn liegen soll. Aus eigener Erfahrung kann der Autor dieses Werkes diese Werte nicht bestätigen – bei Bewegtbildern nimmt man schon bei der DV-Kompressionsrate von fünf häufig Kompressionsartefakte wahr, auch die Art der Kodierung (Interframe-Codierung oder nicht) spielt hier eine maßgebliche Rolle.

Tabelle 1.1 zeigt den Zusammenhang zwischen Bildpunktzahl, Format und Datenrate. Im Produktionsumfeld wird bisweilen mit RBG und 4:4:4 gearbeitet, um die dauernde Wandlung bei den Bearbeitungsschritten zu vermeiden. Die Abtastfrequenz für jeden Kanal berechnet sich wie folgt:

$$f_k = n_L \cdot n_Z \cdot f_B = 864 \cdot 625 \cdot 25 = 13{,}5\,\text{MHz}$$

Daraus errechnet sich die Datenrate für einen Kanal:

$$R = f_k \cdot 8\,\text{Bit} = 13{,}5\,\text{MHz} \cdot 8\,\text{Bit} = 108\,\text{MBit/s}$$

Für drei Kanäle käme man demnach auf eine Gesamtrate von 324 MBit/s beim Format 4:4:4. Akzeptieren wir bei der Chrominanzabtastung eine Halbierung der Bildpunktzahl (also das Format 4:2:2), dann liegt die Gesamtrate nur noch bei 216 MBit/s.

Tabelle 1.1: Bildpunktzahl und Datenrate

Signal	Abtastung	Werte/ Zeile	Zeilenzahl	Datenrate	Gesamtrate	Format
R	13,5 MHz	864	625	108 MBit/s	384 MBit/s	4:4,4
G	13,5 MHz	864	625	108 MBit/s		
B	13,5 MHz	864	625	108 MBit/s		
Y	13,5 MHz	864	625	108 MBit/s	216 MBit/s	4:2:2
Cr	6,75 MHz	432	625	54 MBit/s		
Cb	6,75 MHz	432	625	54 MBit/s		
Y	13,5 MHz	720	756	83 MBit/s	166 MBit/s	4:2:2 nur aktives Bild
Cr	6,75 MHz	360	756	41,5 MBit/s		
Cb	6,75 MHz	360	756	41,5 MBit/s		
Y	13,5 MHz	720	756	83 MBit/s	125 MBit/s	4:2:0 nur aktives Bild
Cr/Cb	6,75 MHz	360	756	41,5 MBit/s		

Weiterhin ist es nicht erforderlich, die horizontalen und vertikalen Austastlücken mit zu übertragen, da sie leicht wieder rekonstruiert werden können. Eine Beschränkung auf das aktive Bild reduziert die Gesamtrate auf 166 MBit/s. Werden dann für die Chrominanzinformation die Zeilen paarweise zusammengefasst (4:2:0), so liegt die Datenrate nun bei nur noch 125 MBit/s.

Eine weitergehende Kompression der Daten erfolgt meist mit Hilfe einer diskreten Cosinus-Transformation (DCT). Dieses Verfahren ist ohne umfangreichere mathematische Grundlagen nicht vollständig verständlich. Es soll hier aber zumindest grob dargestellt werden. Grundlage für dieses Verfahren ist die Erkenntnis, dass benachbarte Pixel meist ähnliche Luminanz- und Chrominanz-Werte haben. Das zu übertragende Bild wird nun in Blöcke zu 8×8 Pixel (also 64 Pixel) eingeteilt, die nun mittels der diskreten Cosinus-Transformation aus dem Orts- in den Frequenzbereich überführt werden.

Anhand eines Blocks von 2×2 Pixel (also 4 Pixel) soll dies anschaulich dargestellt werden:

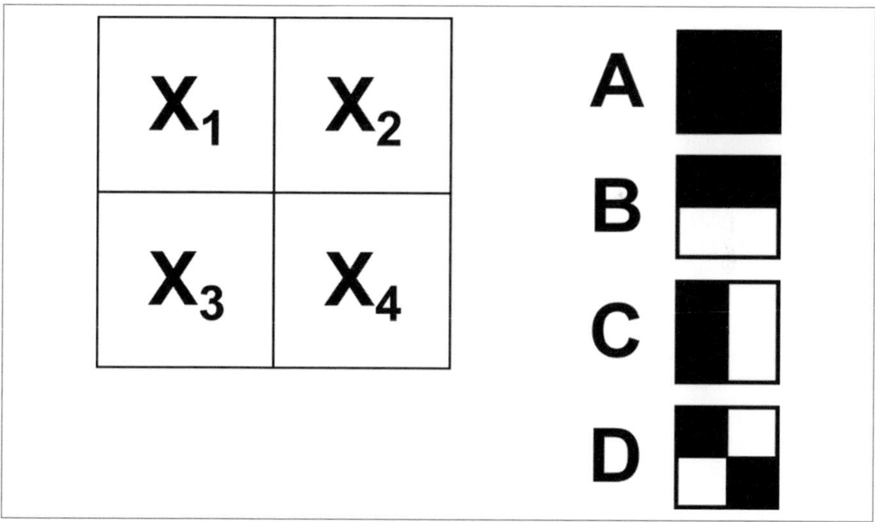

Bild 1.28: DCT in einem 2×2 Pixel großen Block

Statt der einzelnen Übertragung der 4 Pixel X_1 bis X_4 werden stattdessen die Muster A, B, C und D übertragen. Um von den Pixeln auf die Muster umzurechnen, kann folgende Formel verwendet werden:

$$A = \frac{X_1 + X_2 + X_3 + X_4}{4}$$

$$B = \frac{X_1 + X_2}{2} - A$$

$$C = \frac{X_1 + X_3}{2} - A$$

$$D = \frac{X_1 + X_4}{2} - A$$

Umgekehrt lassen sich die Muster wie folgt wieder in die Pixel zurückrechnen:

$$X_1 = A + B + C + D$$
$$X_2 = A + B - C - D$$
$$X_3 = A - B + C - D$$
$$X_4 = A - B - C + D$$

Sofern die Musterwerte A, B, C und D nicht gerundet werden, ist diese Umrechnung verlustfrei. Werden die Musterwerte A, B, C und D auf ganzzahlige Werte gerundet, ist es möglich, dass das zurückgerechnete Ergebnis vom Ursprungswert abweichen kann. Dieser Umstand ist allerdings zu vernachlässigen.

Die Frage ist nun, was durch diese Transformation gewonnen ist. Es gab vorher vier zu übertragende Werte und gibt nachher immer noch vier zu übertragende Werte. Der Vorteil liegt darin, dass bei ähnlichen Werten der Pixel X_1 bis X_4 der sogenannte Gleichanteil A nach wie vor den gesamten Zahlenbereich umfasst, dass aber die Musterwerte B, C und D sehr klein werden.

Tabelle 1.2: Beispiele für die Umrechnung nach A, B, C und D

	Beispiel 1	Beispiel 2	Beispiel 3	Beispiel 4	Beispiel 5
X_1	213	12	112	110	3
X_2	213	14	114	120	215
X_3	213	12	112	130	98
X_4	213	15	115	140	155
A	213	13	113	125	118
B	0	0	0	–10	–9
C	0	–1	–1	–5	–68
D	0	1	1	0	–39

In Beispiel 1 der Tabelle 1.2 haben alle vier Pixel denselben Wert. In einem solchen Fall wird A gleich diesem Wert, die Werte B bis D erhalten den Wert 0. In den Beispielen 2 und 3 weichen die Pixelwerte ein wenig voneinander ab, A erhält den Mittelwert, B bis D die Abweichungen, die hier gering sind. In Beispiel 4 ist zu sehen, dass größere Abweichungen zwischen den Pixeln auch größere Werte für B bis D nach sich ziehen, dass diese jedoch immer noch vergleichsweise klein sind. Erst dann, wenn die Werte völlig auseinanderlaufen, gibt es auch große Werte für B bis D.

Welcher Vorteil besteht dadurch? Zum einen sind die Werte B bis D im Regelfall klein und eignen sich dadurch besser für Kompressionsalgorithmen wie RLE. Auf der anderen Seite kann sich darauf beschränkt werden, A mit voller Bitzahl zu übertragen, während B bis D ungenauer übertragen werden können. Dadurch werden zwar auch die rückgerechneten Werte ungenauer, dies führt aber nur zu kleineren Abweichungen im Bild.

Das Beispiel mit den 2×2 Pixeln ist aus Gründen der Nachvollziehbarkeit stark vereinfacht worden. Wie Bild 1.29 zeigt, werden bei einer DCT auch keine binären Muster als Grundlage genommen, sondern Muster, die aus trigonometrischen Kurven abgeleitet sind. Bei allen gängigen Bild-Kompressionsverfahren (JPEG, DV, MPEG) werden Blöcke von 8×8 Pixeln als Grundlage genommen.

Die Ergebnisse der DCT werden dann mit Quantisierungstabellen verrechnet und anschließend gerundet. Dies führt dazu, dass die Werte links oben in der Ergebnistabelle (dort, wo der Gleichwertanteil und die groben Strukturen zu finden sind) mit einer höheren Genauigkeit übertragen werden als die feinen Strukturen, die rechts unten in der Ergebnistabelle zu finden sind. Grobe Strukturen werden also genauer übertragen als feine Strukturen. Da das menschliche Sehvermögen

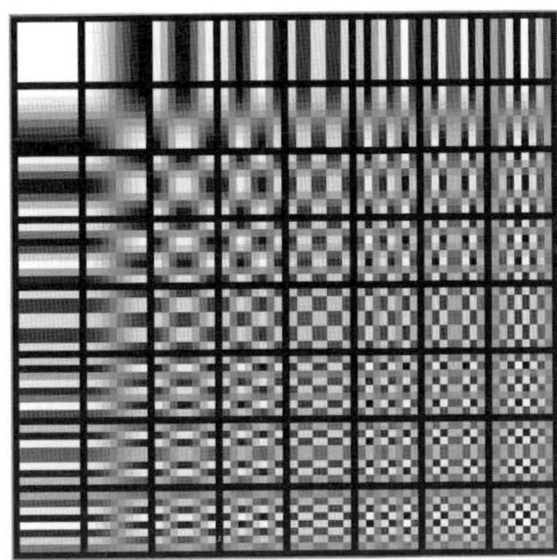

Bild 1.29: DCT mit 8×8 Pixeln

jedoch kleine Abweichung bei feinen Strukturen ohnehin nicht wahrnimmt, ist dies irrelevant.

Die Bilder 1.30 und 1.31 visualisieren dies. Es handelt sich bei Bild 1.30 um ein Testbild zur Beurteilung solcher Komprimierungseffekte. Dazu wird die Helligkeit in den einzelnen Balken sinusförmig mit mehr oder weniger großer Intensität moduliert. Der Block links enthält eine Modulation zwischen den Farben Schwarz und Weiß, der mittlere Block (im Buchdruck leider nicht erkennbar) zwischen Rot und Grün, während im letzten Block die Farbe zwischen Hell- und Dunkelblau schwankt. Eine farbliche Darstellung dieser Abbildungen finden Sie in der Beuth-Mediathek auf www.beuth-mediathek.de.

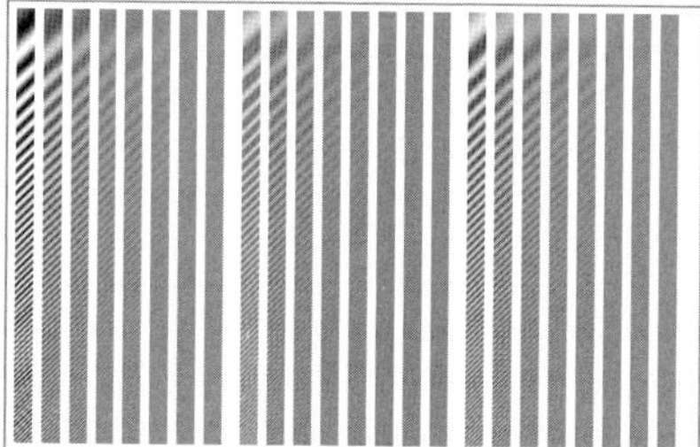

Bild 1.30: Unkomprimiertes Testbild

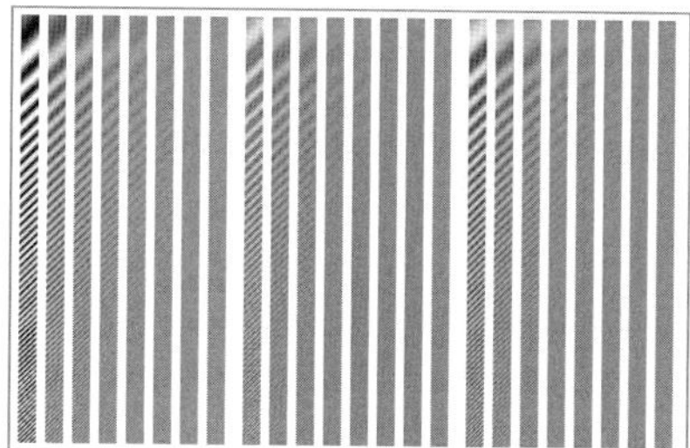

Bild 1.31: Mit DCT komprimiertes Testbild

Wie deutlich zu erkennen ist, ist das unkomprimierte Testbild zunächst einmal gleichmäßiger, es sind auch keine Artefakte außerhalb der Balken zu erkennen. Bei nur leichter und zunehmend schnellerer Modulation kommt dann beim komprimierten Bild der Zeitpunkt, an dem zunächst die Linienstruktur mit einzelnen „Klötzchen" sichtbar ist, die dann später zu einer grauen Vollfläche übergeht.

Deutlicher werden diese Artefakte mit einer Ausschnittvergrößerung (mit leicht angehobenem Kontrast): Hier sehen wir oberhalb der Balken mehrere Streifen, des Weiteren innerhalb der Balken eine quadratische Grobstruktur, welche die Linienmuster des Testbildes überlagert.

Eine solche Kompression ist verlustbehaftet, das Original lässt sich also nicht vollständig wiederherstellen. Auf dem Weg vom fertigen Videosignal zum Endverbraucher ist dies unerheblich in dem Sinne, dass das Signal keine weiteren Bearbeitungsschritte durchlaufen muss. Innerhalb des Produktionsprozesses summieren sich jedoch die Kompressionsverluste bei jedem Bearbeitungsschritt auf. Von daher arbeitet man hier mit unkomprimierten oder mit nur schwach komprimierten Signalen.

Bild 1.32: Ausschnitt aus dem mit DCT komprimierten Testbild

1.1.12 Das DV-Signal

Das DV-Signal kommt ursprünglich aus dem Consumer-Bereich, in dem es zur digitalen Aufzeichnung von Videosignalen auf Kassetten eingeführt wurde. Da es im Vergleich mit dem im professionellen Bereich damals vorherrschenden Standard Betacam SP näherungsweise mithalten konnte, fand es schnell auch im semiprofessionellen Bereich und teilweise auch im professionellen Bereich Verbreitung.

Bei PAL wird dabei das Videosignal mit 4:2:0 abgetastet, es entstehen dadurch 90×72 Luminanzblöcke (à 8×8 Pixel) und zweimal 45×36 Chrominanzblöcke. DV verwendet eine reine Intraframe-Codierung, es wird also jedes Bild einzeln codiert (beim in 1.1.13 besprochenen MPEG-Signal wird das anders sein).

Bei der DV-Codierung kann für jeden einzelnen Block zwischen Halbbild- und Vollbildmodus umgeschaltet werden. Bei PAL liegt das Zeilensprungverfahren (50i) vor, d. h., es werden pro Sekunde 50 Halbbilder erstellt, wobei ein Halbbild alternierend mal die geraden und mal die ungeraden Zeilen umfasst.

Bei ruhenden Bildern (oder ruhenden Bildteilen, z. B. ein Hintergrund, vor dem sich eine Person bewegt) sind direkt benachbarte Zeilen ähnlicher, obwohl sie zu leicht unterschiedlichen Zeiten erfasst wurden. Bei ruhenden Bildern spielt das keine Rolle. Hier kommt somit der Vollbildmodus zum Einsatz.

Bei bewegten Bildern (oder sich bewegenden Bildteilen) ist die übernächste Zeile oft ähnlicher als die direkt benachbarte, weil die übernächste Zeile aus demselben Halbbild stammt und somit zum gleichen Zeitpunkt aufgenommen wurde. Hier kommt der Halbbildmodus zum Einsatz, bei dem ein Block aus zwei Halbblöcken mit 8 × 4 Pixeln besteht. Wie in 1.1.11 ausgeführt, funktioniert die Kompression von Videodaten nur dann gut, wenn die benachbarten Pixel ähnliche Werte haben.

Die Kompressionsrate bei DV ist auf 5:1 festgelegt. Wie in Tabelle 1.1 zu sehen ist, gibt es bei 4:2:0-Abtastung nur des aktiven Bildes eine Gesamtdatenrate von 125 MBit/s. Nach Komprimierung liegt man somit bei 25 MBit/s. Das DV-Signal ist für die Magnetbandaufzeichnung hin optimiert worden, schwankende Datenraten sind nicht zu verwenden. Aus diesem Grund wird mit Hilfe der Codierungstabellen die Datenrate so gesteuert, dass sie die vorhandene Bandbreite möglichst optimal ausnutzt. Ein ruhendes Bild wird daher besser wiedergegeben als ein bewegtes (wobei eine Bewegung auch ein Schwenk oder eine Zoom-Fahrt sein kann).

Bei der Bandaufzeichnung hat man stets mit sogenannten Drop-Outs zu kämpfen, also Ausfälle der Wiedergabe über einen kurzen Zeitraum. Verschmutzungen oder Fertigungsfehler des Bandes können Ursache dafür sein. Um hier die Auswirkungen zu minimieren, wird ein sogenanntes Intraframe Makroblock-Shuffling durchgeführt. Die sogenannten Makro-Blöcke (4 Luminanzblöcke, 1 C_r-Block, 1 C_b-Block) werden nicht der Reihe nach aufgezeichnet, sondern so umsortiert, dass aufeinanderfolgende Makroblöcke stets weit auseinander liegen. Beeinträchtigt ein Drop-Out nun mehrere Makro-Blöcke, so sind die Auswirkungen deutlich weniger sichtbar und leichter durch die Interpolation benachbarter Makroblöcke korrigierbar.

1.1.13 Das MPEG-Signal

MPEG ist ein universeller Standard zur Speicherung und Übertragung von Videodaten. MPEG steht dabei für *Motion Pictures Expert Group*, dem Gremium, das diesen Standard verabschiedet hat. (Das Audio-Format MP3 steht für MPEG Layer III.)

Dieser Standard ist in mehreren Stufen festgelegt worden: MPEG-1 wurde für Videodaten konzipiert, die mit der Datenrate einer CD-ROM auskommen (müssen), also mit bis zu 1,5 MBit/s. MPEG-2 erlaubt Datenraten bis zu 15 MBit/s und ist zum Beispiel bei der DVD und beim digitalen Fernseh-Standard DVB anzutreffen. MPEG-4 erhöht gegenüber MPEG-2 vor allem die Codiereffizienz.

MPEG ist ein sehr universeller Standard und kommt sowohl mit ganz unterschiedlichen Bildauflösungen als auch mit unterschiedlichen Formaten (4:2:2, 4:2:0) zurecht. Es lassen sich auch eigene Quantisierungstabellen verwenden, sofern sie im Datenstrom mitgeliefert werden.

Im Unterschied zu DV und dem Einzelbild-Standard JPEG nutzt MPEG für die Komprimierung nicht nur die Ähnlichkeiten innerhalb ein und desselben Bildes, sondern auch die Ähnlichkeiten in aufeinanderfolgenden Bildern. Wenn nun jedoch jedes Einzelbild auf die davorliegenden Bilder aufbaut, dann könnte es nur dadurch rekonstruiert werden, wenn man alle Bilder von Anfang an einliest. Das wäre nicht nur aufwendig, es würden sich auch alle Fehler fortsetzen.

Aus diesem Grund wird nur eine bestimmte Anzahl von Bildern zusammengefasst, die man *Group of Pictures* (GoP) nennt. Eine gängige Größe ist, dass 12 Bilder zu einer *Group of Pictures* zusammengefasst werden. Es sind aber auch andere Größen möglich.

In Bild 1.33 werden jeweils zwölf Bilder zu einer *Group of Pictures* zusammengefasst. Diese beginnt mit einem sogenannten I-Frame (*intra coded picture*), einem Bild, das völlig eigenständig komprimiert wurde und somit ohne Berücksichtigung der Nachbar-Frames wiederhergestellt werden kann.

Dem I-Frame folgen nun drei P-Frames (*predictive coded picture*) in den Bildern 4, 7 und 10, die unidirektional aus dem vorhergehenden I- oder P-Frame berechnet werden. Um eine vergleichbare Bildqualität wie der des I-Frame zu erhalten, benötigt der P-Frame im Normalfall rund 1/3 der Datenmenge. Zwischen I- und P-Frames liegen nun die B-Frames (*bidirectional coded picture*), die bidirektional berechnet werden, also aus dem vorhergehenden und aus dem nachfolgenden I- bzw. P-Frame. Hier kann die Datenrate im Normalfall noch mal auf rund die Hälfte des P-Frames gesenkt werden.

Wenn vom Normallfall die Rede ist, dann bezieht sich das auf Bilder, die ähnlich zu den vorhergehenden und nachfolgenden Bildern sind. Bei einem harten Schnitt kann sich der Bildinhalt von einem zum nächsten Bild jedoch komplett ändern. Hier benötigen dann P- und B-Frames eine erhöhte Datenmenge, die dann bei den benachbarten Bildern eingespart werden muss. Dies führt in der Praxis jedoch

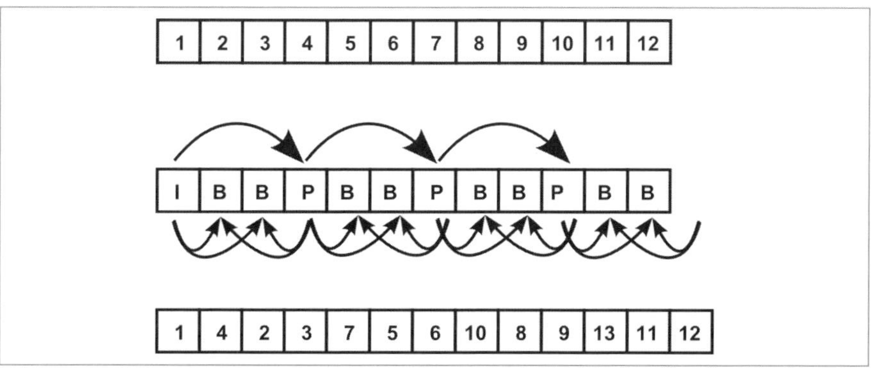

Bild 1.33: Group of Pictures

kaum zu auffälligen Artefakten, da die Bilder direkt vor einem harten Schnitt ohnehin von den darauffolgenden Bildern „mental überschrieben" werden. Man müsste sich diese Szene wiederholt und gezielt auf diese Artefakte hin ansehen, um sie zu bemerken.

Die einzelnen Bilder werden nun im Datenstrom so umgruppiert, dass in möglichst minimalem Abstand zur Wiedergabeposition alle benötigten Bilder vorliegen. Eine *Group of Pictures* beginnt nur am Start des Videodatenstroms mit dem I-Frame. Damit die B-Frames 2 und 3 berechnet werden können, braucht es neben dem I-Frame auch den P-Frame 4. Also folgt auf den I-Frame der P-Frame 4, danach die B-Frames 2 und 3, dann wieder der nächste P-Frame, also 7, und so weiter. Die B-Frames 11 und 12 benötigen zur Berechnung den I-Frame der nächsten *Group of Pictures*, also wird Bild 13 vor den beiden B-Frames 11 und 12 übertragen.

Die MPEG-Codierung ist wegen der Interframe-Codierung effektiver als DV, das nur intraframe codiert. DV codiert mit einer Datenrate von 25 MBit/s 50 Halbbilder, das entspricht 25 Vollbildern, also einer Datenrate von 1 MBit/s pro Einzelbild (also 125 kByte pro Einzelbild). Um eine Group of Pictures mit 12 Frames zu codieren, würde DV eine Datenrate von 12 MBit/s benötigen. Bei der MPEG-Codierung vergleichbarer Qualität fallen im Normalfall ein I-Frame mit 1 MBit/s, drei P-Frames mit 0,33 MBit/s und acht B-Frames mit 0,167 MBit/s an. Die vergleichbare Datenrate beträgt also:

$$R = 1\,\text{MBit/s} + 3 \cdot 0{,}33\,\text{MBit/s} + 8 \cdot 0{,}167\,\text{MBit/s} = 3{,}33\,\text{MBit/s}$$

Da nicht alle Bilder ähnlich zu den vorhergehenden Bildern sind, kann in der Praxis davon ausgegangen werden, dass MPEG-2 für eine vergleichbare Qualität ein Drittel der Datenrate von DV benötigt.

MPEG-4 erhöht durch verschiedene Maßnahmen weiter die Codierqualität. Bei gleicher Bildqualität kann somit die Datenrate kleiner ausfallen, bei gleicher Datenrate die Bildqualität gesteigert werden.

Bei MPEG-4 kann das Bild auf sogenannte Video Object Planes (VOP) aufgeteilt werden, also auf verschiedene Ebenen, die unabhängig voneinander codiert und übertragen werden. Der Vorteil dieser Technologie liegt vor allem darin, dass Teile des Bildes auf Dauer oder zumindest über längere Zeit unverändert bleiben. Klassisches Beispiel für einen auf Dauer unveränderten Bildbestandteil ist das Sender-Icon, temporär unveränderte Bildbestandteile sind Bauchbinden und Studio-Hintergründe. Solche unveränderten Bildbestandteile müssen nur einmal pro Szene übertragen werden, dann aber möglichst mit einer hohen Qualität.

1.2 Die HD-Formate

Bis etwa Mitte der neunziger Jahre war die Welt im Fernseh- und Video-Bereich noch übersichtlich: Das System hieß PAL (zumindest in Deutschland, andere Länder verwendeten auch SECAM oder NTSC), hatte 625 zu übertragende und 576 anzuzeigende Zeilen, ein Bildformat von etwa 4:3 und ein Pixelseitenverhältnis von 1,0940.

Der Wunsch nach einem besseren Bild (insbesondere in Ländern mit NTSC, das vertikal geringer auflöste und zudem keine stabile Farbwiedergabe bot) in Kombination mit der einsetzenden Digitalisierung und der Umstellung auf das „Kino-Format" 16:9 sowie dem stärker werdenden Einfluss des PCs und den dort üblichen Bildauflösungen führte zu einem ganzen Bündel von neuen Formaten, sodass man hier ein wenig die Übersicht verlieren konnte.

Wie Bild 1.34 zeigt, gibt es grundsätzlich zwei neue Auflösungen, und zwar mit 720 und mit 1 080 Zeilen. Bei beiden Auflösungen beträgt das Format-Verhältnis 16:9, bei quadratischen Pixeln haben wir horizontal 1 280 beziehungsweise 1 920 Pixel.

1.2.1 HD-SDI

Wird das analoge HD-Komponentensignal digitalisiert und unkomprimiert seriell übertragen, so liegt HD-SDI vor. Gemäß der Norm (ITU-R 709) wird die Luminanz mit 74,25 MHz abgetastet, die beiden Chrominanzkanäle mit je der Hälfte

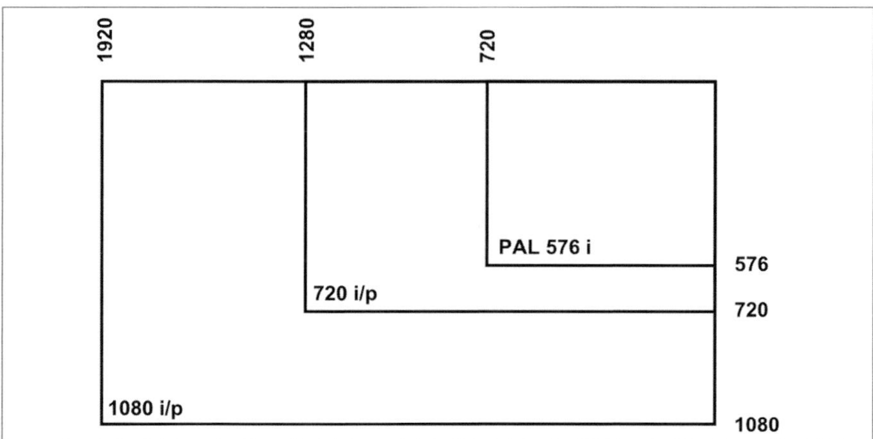

Bild 1.34: Die gängigen Auflösungen

(37,125 MHz), also klassisches 4:2:2. Beim PAL-System ergeben sich daraus 2 640 Luminanz-Abtastwerte pro Zeile, von denen 1 920 zum aktiven Bild gehören. Vertikal gibt es 1 125 Zeilen, wovon 1 080 zum aktiven Bild gehören.

Bei einer Auflösung von 10 Bit ergibt sich daraus die folgende Datenrate:

$$B = (2640 + 1320 + 1320)\,\text{Pixel} \cdot 1125\,\text{Zeilen} \cdot 25\,\text{Hz} \cdot 10\,\text{Bit} = 1{,}485\,\text{GBit/s}$$

Dieser Wert wird häufig gerundet als 1,5G angegeben. Die 1 920 genutzten horizontalen Pixel des aktiven Bildes werden bisweilen auch als 2k abgekürzt, was nicht ganz korrekt ist, da 2k (auch „2k Cinema") eine Auflösung von 2 048 × 1 080 bezeichnet.

Wird das Signal nicht im Zeilensprungverfahren, also „interlaced" (1 080i, genauer 1 080/50i), sondern in 50 Vollbildern „progressive" (1 080p, genauer 1 080/50p) übertragen, so wird die doppelte Übertragungsbandbreite, also 2,97 GBit/s, benötigt. Dies wird häufig gerundet als 3G angegeben, auch in der Kombination HD-SDI 3G oder 3G-SDI.

Bei UHD („ultra high definition") ist die Pixelzahl in beiden Dimensionen jeweils verdoppelt. Die horizontale Pixelzahl des aktiven Bildes beträgt 3 840 Pixel, die Zeilenzahl beträgt 2 160 Pixel. Da die Auflösung in beide Richtungen verdoppelt ist, wird die vierfache Bandbreite benötigt. Für 2 160/50i sind das 5,94 GBit/s, was üblicherweise mit 6G abgekürzt wird, auch in der Kombination HD-SDI 6G oder 6G-SDI. Werden 50 Vollbilder eingesetzt, also 2 160/50p, sind es dann 11,88 GBit/s, was üblicherweise mit 12G abgekürzt wird, auch in der Kombination HD-SDI 12G oder 12G-SDI.

Für UHD wird bisweilen auch die Abkürzung 4k verwendet, was ebenfalls nicht ganz korrekt ist. Korrekt sind 4k (auch „4k Cinema") 4 096 × 2 160.

1.2.2 HDV – High Definition Video

HDV steht für *High Definition Video* und ist sowohl ein Oberbegriff für hochauflösendes Video also auch ein aus dem Consumer-Bereich stammendes Video-Format, das aus Gründen der geringen Produktionskosten auch im Profi-Bereich eingesetzt wird (wie seinerseits DV).

Als Oberbegriff wird bisweilen kurz von HD (*High Definition*) gesprochen, während man unter SD (*Standard Definition*) PAL-Auflösung (in anderen Ländern entsprechend SECAM und NTSC) versteht.

Das Video-Format HDV wurde mit dem Ziel entwickelt, hochauflösende Video-Dateien mit derselben Datenrate wie DV zu speichern, um auf dieselben Bandgeräte und Kassetten aufsetzen zu können (wobei verbessertes Bandmaterial zum Einsatz kommen sollte, damit die Zahl der Drop-Outs verringert wird). Schon bei 1 280 × 720 liegt die Pixelzahl pro Bild beim Doppelten von 720 × 576, entsprechend höher muss komprimiert werden. Statt lediglich die Kompressionsrate zu erhöhen (was zu einer sichtbaren Bildverschlechterung geführt hätte), wurde von der bei DV verwendeten Intraframe-Codierung (jedes Bild einzeln codiert) zur Interframe-Codierung gewechselt, dem in 1.1.13 dargestellten MPEG-Format (genauer gesagt: MPEG-2).

Als Video-Format werden die beiden HD-Auflösungen unterstützt:

- HDV1 mit 720p, also einer Auflösung von 1 280 × 720, die in 25p (25 Vollbilder pro Sekunde) oder 50p (50 Vollbilder pro Sekunde) aufgezeichnet wird (in NTSC-Ländern 30p oder 60p), ggf. noch in der Kino-Bildfrequenz 24p. Bei HDV1 umfasst die GoP (*Group of Pictures*) 6 Frames, die Datenrate liegt bei etwa 19 MBit/s.
- HDV2 mit 1 080i, allerdings nicht mit 1 920 × 1 080, sondern nur mit 1 440 × 1 080. Hier gibt es demnach nicht-quadratische Pixel mit einem Seitenverhältnis von 4:3. In PAL-Ländern sind das 50i (50 Halbbilder pro Sekunde), in NTSC-Ländern 60i. Bei HDV2 umfasst die GoP 12 Frames, die Datenrate liegt bei etwa 25 MBit/s.

In der Literatur wird bisweilen behauptet, dass HDV1 wegen der kürzeren GoP unanfälliger für Störungen sei. Genaugenommen treten nicht mehr oder weniger Störungen auf als bei HDV2. Da sich Störungen jedoch nicht in die nächste GoP fortsetzen können, fallen sie bei einer kürzeren GoP weniger auf.

Sowohl bei HDV1 als auch bei HDV2 wird das Videosignal mit 4:2:0 und 8 Bit abgetastet. Als Audio-Signal werden zwei Kanäle mit 16 Bit und 48 kHz aufgezeichnet, die entsprechend MPEG-1 mit 4:1 komprimiert werden, das entspricht 384 kBit/s.

1.2.3 AVCHD – Advanced Video Codec High Definition

Die Weiterentwicklung von HDV ist AVCHD, das mit dem effektiveren H.264/MPEG-4 AVC-Codec auf bandlose Aufnahmemedien wie Speicherkarten oder Festplatten aufzeichnet.

Bandlaufwerke, die im Schrägspurverfahren aufzeichnen, sind nicht besonders flexibel bezüglich unterschiedlicher Datenraten. Bei der Entwicklung eines Speicherformats für bandlose Aufnahmemedien hat man hier deutlich größere Freiheiten, die beim Standard AVCHD auch ausgenutzt wurden:

- Definiert sind zunächst die herkömmlichen Fernsehnormen 480i und 576i (PAL) in einem Seitenverhältnis 4:3.

- 720p (1 280 × 720) mit Aufzeichnung von 25 (PAL), 30 (NTSC) oder 24 (Kino) Vollbildern.
- 1 080i (1 920 × 1 080) mit 50 (PAL) beziehungsweise 60 (NTSC) Halbbildern.
- 1 080p (1 920 × 1 080) mit 24 Vollbildern (Kino-Format).

Die genannten Auflösungen arbeiten durchgängig mit quadratischen Pixeln. (1 440 × 1 080 spielt keine Rolle und wäre bei H.264 auch nicht normgerecht.) Die Video-Datenrate liegt üblicherweise zwischen 5 und 25 MBit/s. Das Signal wird mit 8 Bit und 4:2:0 abgetastet, die GoP umfasst bis zu 15 Frames.

Für Audio-Signale stehen unterschiedliche Aufzeichnungsverfahren zur Verfügung, z. B. das unkomprimierte PCM-Verfahren, oder Dolby Digital (AC-3) bis zu einer Bitrate von 64 bis 640 kbps und für 1 bis 5.1 Kanäle.

1.2.4 HDCAM

HDCAM ist ein Video-Standard von Sony für den professionellen Bereich. Gemeinsam ist eine Auflösung der Bildwandler von 1 920 × 1 080. Sofern die Geräte HD-SDI-Ausgänge haben, liegt diese Auflösung dort als unkomprimiertes Signal vor. Als Bildraten stehen 24p, 25p, 30p, 50i und 60i zur Verfügung, wobei nicht alle Geräte alle Bildraten unterstützen.

- Für Kassettenaufzeichnung wird das Signal mit 8 Bit und 3:1:1 abgetastet, die Luminanzabtastung liegt also nicht bei 13,5 MHz, sondern bei 10,125 MHz. Das entspräche einer Horizontalauflösung von 1 440 (wie bei HDV) statt 1 920 Pixeln. Das Signal wird intraframe-codiert, die Kompressionsrate liegt bei 4,41:1, also etwas weniger als bei DV. Da allerdings HD-Auflösung vorliegt, liegt die Datenrate bei etwa 185 MBit/s. Es können bis zu vier Audiospuren aufgezeichnet werden.
- Für Aufzeichnung auf Festplatte oder für den HD-SDI-Ausgang wird das Signal mit 10 Bit und 4:2:2 abgetastet.
- Für verbesserte Qualität gibt es unter dem Namen HDCAM SR die Aufzeichnung mit 10 Bit und 4:2:2 oder RGB 4:4:4. Die Kompressionsrate liegt im SQ-Modus bei 440 MBit/s, im HQ-Modus (*high quality*) bei 880 MBit/s. HDCAM SR arbeitet mit MPEG-4 und zeichnet bis zu zwölf Audiospuren auf.

HDCAM, insbesondere HDCAM SR wird zunehmend im Filmbereich eingesetzt und verdrängt dort zunehmend analoges Filmmaterial. Einem Einsatz in der Live-Videotechnik steht primär der hohe Preis der beteiligten Komponenten entgegen.

1.2.5 XDCAM

XDCAM ist ein von Sony eingeführter Standard für die bandlose Aufzeichnung. Es kommen hier Medien zum Einsatz, die einer Blu-Ray-Disc ähnlich sind, jedoch in einer Schutzhülle (Caddy) stecken. Als bandloses Format kommt XDCAM mit recht unterschiedlichen Formaten zurecht.

- XDCAM mit dem SD-Codec zeichnet im DVCAM-Format mit 8 Bit und 4:2:0 (PAL, bei NTSC 4:1:1) intraframe-codiert auf. Die Video-Datenrate liegt wie bei DV bei 25 MBit/s. Es werden maximal vier Audiospuren mit PCM 16 Bit und 48 kHz aufgezeichnet.
- Mit dem SD-Codec im IMX-Format erfolgt die Aufzeichnung mit 4:2:2, interframe-codiert MPEG-IMX und einer Datenrate von 30 bis 50 MBit/s. Es werden bis zu acht Audiospuren mit PCM 20 Bit und 48 kHz aufgezeichnet.
- XDCAM HD zeichnet 1 440 × 1 080 Pixel mit 8 Bit und 4:2:0 auf, die Daten werden mit MPEG-2 komprimiert, die Datenrate liegt zwischen 18 und 35 MBit/s. Es werden maximal vier Audiospuren mit PCM 16 Bit und 48 kHz aufgezeichnet.
- XDCAM HD 422 zeichnet 1 080i oder 720p mit 8 Bit und 4:2:2 auf, die Daten werden mit MPEG-2 komprimiert, die Datenrate liegt bei 50 MBit/s. Es werden maximal acht Audiospuren mit PCM oder AES-3 24 Bit und 48 kHz aufgezeichnet.
- XDCAM EX gleicht XDCAM HD, mit dem Unterschied, dass dort nicht auf Discs, sondern auf Speicherkarten aufgezeichnet wird.

1.2.6 AVC-Intra (Advanced Video Codec – Intra Frame Only)

AVC-Intra ist ein von Panasonic entwickeltes Format, das mit hoher Datenrate auf Speicherkarten aufzeichnet.

- Im *Full Resolution HD mode* wird das mit 10 Bit 4:2:2 gesampelte Signal in den Auflösungen 1 080p (24, 25 oder 30 Hz), 1 080i (50 oder 60 Hz) oder 720p (24, 25, 30, 50 oder 60 Hz) aufgezeichnet. Die Datenrate liegt bei 100 MBit/s.
- Im *Economy HD mode* erfolgt die Aufzeichnung mit 10 Bit und 4:2:0 oder besser 3:1,5:0, da eine Auflösung von 1 440 × 1 080 bzw. 960 × 720 aufgezeichnet wird. Die Datenrate liegt bei 50 MBit/s.

Beide Modi gleichen sich dahingehend, dass die Bilder mit MPEG-4 / H.264, aber rein intraframe-codiert werden. Daraus erklärt sich auch die hohe Datenrate. Diese führt dazu, dass die Speicherkarten innerhalb weniger Minuten voll sind. Darum werden Camcorder und Recorder mit mindestens zwei Kartenslots ausgestattet, um die Karten im laufenden Betrieb ohne Unterbrechung wechseln zu können.

1.2.7 DVCPro HD

Aus dem Consumer-Format DV hat Panasonic zunächst das Format DVCPro abgeleitet, das lediglich mit breiteren Spuren arbeitete, was die Anfälligkeit von Drop-Outs reduziert. Dieses Format wurde dann auf DVCPro50 weiterentwickelt. Statt wie bei DV und DVCPro mit 4:2:0, einer Kompressionsrate von 5:1 und einer Datenrate von 25 MBit/s aufzuzeichnen, wurde hier 4:2:2 und eine Kompressionsrate von 3,3:1 verwendet, was die Datenrate auf 50 MBit/s verdoppelte.

Um HD-Material aufzeichnen zu können, wurde dieses Format auf 100 MBit/s „aufgebohrt", zunächst als reines Bandformat, inzwischen auch zur Aufzeichnung auf Speicherkarten. Wie AVC-Intra erfolgt die Aufzeichnung rein intraframe-codiert, allerdings mit einem modifizierten DV-Codec und nicht mit MPEG-4 / H.264. Die Aufzeichnung erfolgt mit 8 Bit und 4:2:0 oder besser 3:1,5:0, da eine Auflösung von 1 440 × 1 080 bzw. 960 × 720 aufgezeichnet wird.

1.2.8 ProRes

ProRes ist ein von Apple entwickeltes Intraframe-Format, das primär für Apple-Produkte wie die Videoschnitt-Software FinalCut, inzwischen aber auch von anderen Herstellern (u. a. AJA und Blackmagic Design) verwendet wird.

ProRes gibt es in verschiedenen Varianten. Die Varianten mit dem Zahlenbestandteil 422 (ProRes 422HQ, ProRes 422, ProRes 422 LT und ProRes 422 Proxy) verwenden eine Farbunterabtastung von 4:2:2, während die Varianten mit dem Zahlenbestandteil 4 444 mit Farbvollabtastung von 4:4:4 und zusätzlichem Alphakanal arbeiten.

Aktuell werden die Auflösungen bis hin zu 5 210 × 2 880 bei bis zu 12 Bit für die Farbkanäle und 16 Bit für den Alpha-Kanal unterstützt, was zu enorm hohen Datenraten führen kann.

1.2.9 HEVC

High Efficiency Video Coding wird auch H.265 genannt und ist der Nachfolger von H.264. Während H.264 mit einer festen Blockgröße von 16 × 16 Pixel arbeitet, ist die Blockgröße bei H.265 zwischen 4 × 4 und 64 × 64 variabel. Dies und andere Verbesserungen sollen die Effizienz dieses Codecs gegenüber H.264 verbessern.

1.2.10 XAVC

XAVC ist ein von Sony eingeführtes Format auf der Basis von H.264 / MPEG-4. Von XAVC gibt es die folgenden Varianten:

- XAVC Intra (XAVC-I) als Intraframe-Kodierung (es wird also jedes Bild einzeln codiert, was die Weiterverarbeitung erleichtert).
- XAVC Long-GOP (XAVC-L) als Interframe-Kodierung. GoP steht dabei für *Group of Pictures*, also dafür, dass die einzelnen Bilder zu Gruppen zusammengefasst werden.
- XAVC S (XAVC-S), auch eine Interframe-Kodierung, in der jedoch einige Funktionalitäten nicht zur Verfügung stehen, so z. B. das XAVC 4K Intra-Profile oder die Audio-Aufzeichnung mit 24 Bit.

XAVC ist derzeit bis 4k (4 096 × 2 160) definiert, für Bitbreiten von 8 und 10 Bit sowie für Farbunterabtastungen von 4:2:2 und 4:2.0.

1.2.11 HD ready

HD ready ist eine Bezeichnung für Geräte im Consumer-Bereich, insbesondere Flachbildschirme. Ein Gerät darf mit dem *HD ready*-Logo versehen werden, wenn die folgenden Bedingungen erfüllt sind:

- Eine native Auflösung von mindestens 720 Zeilen bei einem Format von 16:9.
- Mindestens einen analogen YPbPr-Komponenteneingang und mindestens einen HDCP-verschlüsselungsfähigen digitalen Eingang (DVI-D/-I oder HDMI).
- Die beiden notwendigen Eingänge akzeptieren mindestens die Formate 720p (1 280 × 720) und 1 080i (1 920 × 1 080).

Ein Gerät mit dem Label *HD ready* dürfte eine native Auflösung von 1 280 × 720 haben und 1 080i-Bilder entsprechend herunterskalieren. Im Handel hat sich daher für Geräte mit einer nativen Auflösung von 1 920 × 1 080 der Begriff *Full HD* eingebürgert, der allerdings nicht genormt ist.

Als Ergänzung gibt es daher das Logo „HD ready 1 080p", das verwendet werden darf, wenn zusätzlich zu den Anforderungen von „HD ready" zusätzlich folgende Anforderungen erfüllt sind:

- Eine native Auflösung von mindestens 1 080 Zeilen bei 1 920 Spalten und einem Format von 16:9.
- Über die digitalen Eingänge können Vollbilder von 1 080p mit 24, 50 und 60 Hz akzeptiert werden, die pixelgenau angezeigt werden müssen.

1.2.12 Die Computer-Auflösungen

Im Bereich von PC-Monitoren gibt es dann ganz andere Auflösungen, über die die Tabelle 1.3 Auskunft gibt.

Von einigen Abweichungen abgesehen haben die „normalen" Auflösungen ein Seitenverhältnis von 4:3, während die „Wide"-Auflösungen ein Seitenverhältnis von 5:3 aufweisen.

Im Bereich von Video-Beamern hat sich über 10 Jahre lang XGA als Quasi-Standard gehalten. Inzwischen setzen sich aber zunehmend höhere Auflösungen und breitere Formate durch.

Tabelle 1.3: Auflösungen im Computer-Bereich

Format	Horizontal	Vertikal	Seitenverhältnis
SXGA			5:4
QSXGA	2 560	2 048	5:4
VGA	640	480	4:3
SVGA	800	600	4:3
XGA	1 024	768	4:3
SXGA+	1 400	1 050	4:3
UXGA	1 600	1 200	4:3
QXGA	2 048	1 536	4:3
CGA	320	200	8:5
WXGA (1)	1 280	800	8:5
WXGA+	1 680	1 050	8:5
WUXGA	1 920	1 200	8:5
WVGA	800	480	5:3
WXGA (2)	1 280	768	5:3
WSXGA	diverse	diverse	~ 16:10
HD 720	1 280	720	16:9
HD 1 080	1 920	1 080	16:9
UHD 2 160	3 840	2 160	16:9
2k	2 048	1 080	17:9
4k	4 096	2 160	17:9
8k	8 192	4 320	17:9

1.3 Die Steckverbinder

Sollen Geräte miteinander verbunden werden, so muss nicht nur elektrisch, sondern auch mechanisch alles zusammenspielen. Aus dem Steckverbinder kann man leider nicht zweifelsfrei schließen, was für ein Signal er führt: Cynch-Stecker können analoge oder digitale Audio-Signale, aber auch ein analoges Composite-Video-Signal führen. XLR-Verbinder gibt es bei analogen und digitalen Audio-Verbindungen, aber auch bei der Stromversorgung und bei Intercom-Anlagen (sowie in der Lichtsteuerung). BNC-Stecker führen analoge oder digitale Videosignale, manchmal werden darüber aber auch Schwanenhalslampen angeschlossen.

1.3.1 Steckverbinder für analoge Signale

Cynch-Stecker

Ein im Consumer-Bereich sehr gebräuchlicher Steckertyp ist der Cynch-Stecker, mit dem ein einzelnes Signal übertragen werden kann – der linke oder rechte Kanal eines Stereo-Signals, ein digitales Audio-Signal oder ein analoges Video-Signal. Gerade bei Video-Geräten im Consumer-Bereich ist es üblich, das Audio-Video-Signal über drei Leitungen mit Cynch-Steckern zu übertragen: Linker Audio-Kanal (weiß oder schwarz), rechter Audio-Kanal (rot) und Composite-Video-Signal (gelb).

Über drei Leitungen mit Cynch-Steckern wird im Consumer-Bereich auch das analoge Komponenten-Signal übertragen: Y (grün), Cb (blau) und Cr (rot), ebenso Surround-Audio-Signale mit sechs (5+1) oder acht (7+1) Cynch-Leitungen.

Der Cynch-Stecker ist recht günstig, mechanisch hinreichend stabil (es gibt auch sehr stabile Stecker, die allerdings mehr kosten), besitzt die Möglichkeit, die

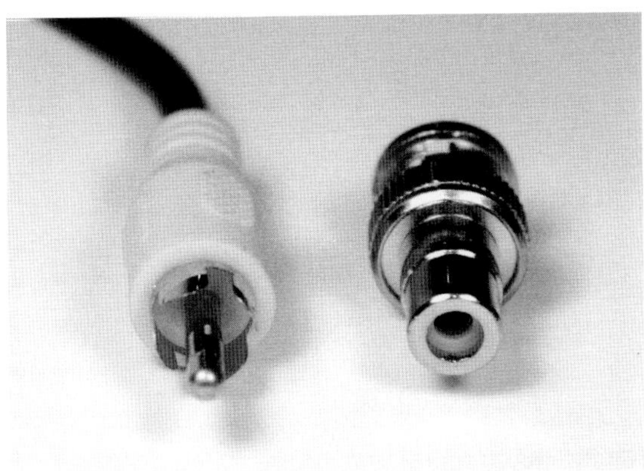

Bild 1.35: Cynch-Stecker und Adapter auf BNC

Leitungen einzeln zu stecken, schafft die Freiheit, bei der Zuordnung Fehler zu machen, also auch solche recht einfach zu beseitigen. Der Cynch-Stecker lässt sich nicht verriegeln, neigt aber auch nicht zur selbständigen Lockerung.

Da in der professionellen Videotechnik Composite- und Komponenten-Signal auf BNC geführt werden, lohnt es sich, ein paar Adapter von Cynch auf BNC und wieder zurück zu haben, um Consumer-Geräte schnell zu adaptieren oder einfach schnell eine passende Leitung improvisieren zu können.

Klinken-Stecker

Klinken-Stecker kommen aus der Telefontechnik (handbediente Vermittlungsstellen) und sind in der Musikelektronik weit verbreitet. Im Bereich der Videotechnik finden sie sich vor allem an Kopfhörern und LANC-Schnittstellen (Consumer-Steuerformat für Kameras). An Videopulten sind sie bisweilen auch als Audiosteckverbinder zu finden.

Im Gegensatz zu Cynch können Klinken-Stecker auch zwei Signale übertragen, z. B. links und rechts bei Stereo, aber auch symmetrische Audio-Signale.

Klinken-Stecker gibt es als 1/4" (6,35-mm)-Ausführung (die besonders in der Musikelektronik gebräuchlich ist, und für die es auch sehr stabile Stecker gibt), als auch in der für Kopfhörer gebräuchlichen 3,5-mm-Ausführung (die nicht mehr so stabil, aber zumindest recht günstig ist). Die LANC-Schnittstelle verwendet eine 2,5-mm-Ausführung.

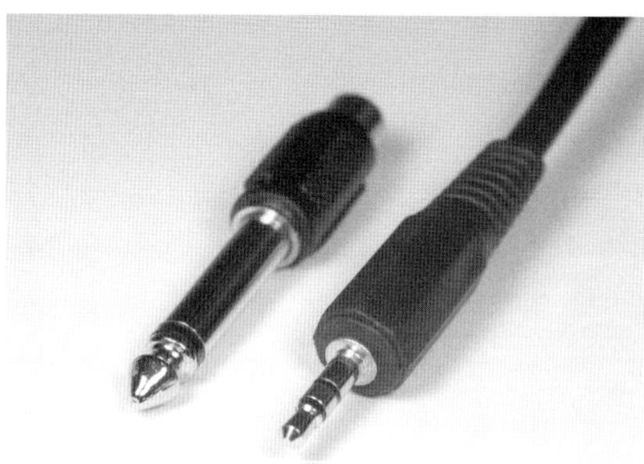

Bild 1.36: Klinken-Stecker Stereo 3,5 mm (rechts) und Adapter Klinke Mono 6,3 mm auf Cynch

BNC-Stecker

BNC steht für *Bayonet Neill Concelman*, es handelt sich also um einen Stecker mit Bajonett-Verriegelung, der dafür ausgelegt ist, an „ordentliche" Koax-Leitungen gelötet zu werden. Vorsicht: Steckverbinder und Koax-Leitungen gibt es sowohl mit einem Wellenwiderstand von 50 Ohm (gebräuchlich in der Hochfrequenz- und Messtechnik) als auch mit 75 Ohm für die Videotechnik. Während es bei kurzen Leitungen nicht weiter tragisch ist, wenn man versehentlich 50 Ohm verwendet, kann es bei langen Leitungen zu deutlicher Bildverschlechterung kommen. (Falscher Wellenwiderstand sorgt für Reflexionen an den sogenannten Stoßstellen.)

BNC-Buchsen haben gegenüberliegend zwei „Nasen". Die Stecker müssen dazu passend eingeführt werden, mit einer Drehbewegung im Uhrzeigersinn um etwa 70° wird die Verbindung verriegelt – und mit der entgegengesetzten Drehbewegung wieder entriegelt. BNC-Stecker sind mechanisch einigermaßen stabil und auch noch als günstig einzuordnen.

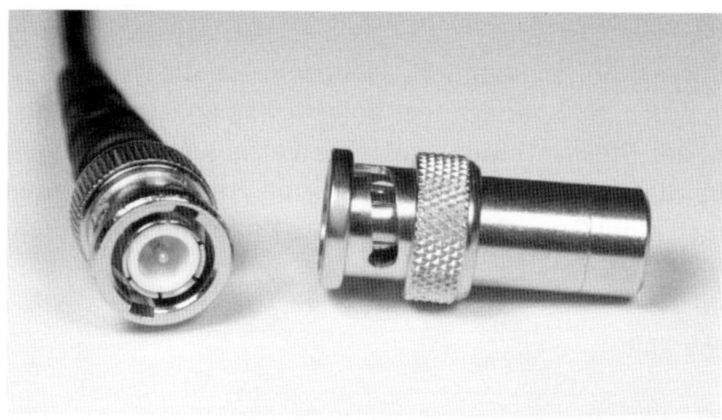

Bild 1.37: BNC-Stecker (links) und Terminator 75Ω

XLR-Stecker

XLR steht (zumindest inoffiziell) für *Shield-Live-Return*, also für Abschirmung, Phase + und Phase –. Es handelt sich ursprünglich um einen dreipoligen Stecker für symmetrische Signale in der Tonstudio- und Bühnentechnik, der von der US-amerikanischen Firma Cannon entwickelt wurde (nicht zu verwechseln mit dem japanischen Kamerahersteller Canon) und früher auch Cannon-Stecker genannt wurde. Inzwischen werden darüber auch digitale Audio-Signale übertragen. Als vierpoligen Stecker findet man ihn auch für die Kamerastromversorgung und bei Intercom-Anlagen, als fünfpoligen Stecker für das Lichtsteuerprotokoll DMX-512. Darüber hinaus wird der XLR-Stecker auch noch für Pultlampen, analoge

Lichtsteuerung, früher für Lautsprecherleitungen und für etliche andere Zwecke eingesetzt.

Bild 1.38: XLR-Stecker

XLR-Stecker sind von mechanisch hoher Stabilität, insbesondere die Ausführungen der Firma Neutrik haben durch die Spannzangenbefestigung eine extrem leistungsfähige Zugentlastung. Der Steckverbinder hat eine Verriegelung, die sehr zuverlässig ist, und die Kupplung (zumindest die der Firma Neutrik) hat einen Gummi-Dichtring, sodass auch beim Open-Air-Einsatz keine Probleme zu befürchten sind.

Tabelle 1.4: Steckerbelegung XLR

Pin	„amerikanische Norm“	„europäische Norm“
1	Masse	Masse
2	Phase +	Phase –
3	Phase –	Phase +

Bezüglich der Steckerbelegung von XLR-Leitungen bei analogen Signalen gibt es zwei „Normen“ (eher Gewohnheiten) – die amerikanische und die europäische. Bei der „amerikanischen Norm“ liegt Phase + auf Pin zwei und Phase – auf Pin drei, so wie die Bezeichnung XLR es nahelegt. Im europäischen Raum hat man sich ursprünglich an der Belegung des dreipoligen DIN-Steckers orientiert und Phase – auf Pin zwei gelegt. In beiden Fällen liegt die Phase auf eins, siehe Tabelle 1.4.

Bei durchgängig symmetrischer Leitungsführung hat dieser „Normen-Mischmasch“ aber keine Auswirkungen, allenfalls führt es zu einem sogenannten (fachlich nicht ganz sauber benannten) „Phasendreher", also eine Invertierung des Signals. Bei der Adaptierung auf unsymmetrische Leitungen kann es jedoch vorkommen, dass überhaupt kein Signal mehr vorhanden ist. Inzwischen hat sich auch bei europäischen Herstellern weitgehend die „amerikanische Norm" durchgesetzt. In den letzten Jahren spielte die „europäische Norm" de facto nur noch eine Rolle bei Geräten der Firma BSS, die schon lange auf dem Markt waren, weil dieser Hersteller die Steckerbelegung über die komplette Produktlaufzeit konstant gehalten hat.

Es wurde bisher viel von symmetrischer Leitungsführung gesprochen. Nun soll geklärt werden, was man darunter versteht (siehe auch Bild 1.39). Der „Normalfall" ist die unsymmetrische Leitungsführung: Es gibt eine Signalleitung und eine Masseleitung (üblicherweise in Form einer Abschirmung um die Signalleitung). Die Masseleitung ist das Bezugspotenzial, die Null. Die Signalleitung führt das Signal. Besteht nun eine Störung des Signals – hier im Bild durch einen kleinen Peak visualisiert –, dann wird auch eine entsprechende Störung des Ausgangssignals verzeichnet. Ein solcher Peak könnte z. B. durch den Einschaltvorgang eines starken Verbrauchers verursacht werden, durch den Phasenanschnitt in einem Dimmer oder durch viele andere Einflüsse.

Bei der symmetrischen Leitungsführung gibt es zumindest zwei Leitungen – Phase + und Phase – sowie zusätzlich meist noch eine als Abschirmung ausgeführte Masse. Phase + führt das phasenrichtige Signal, Phase – führt das

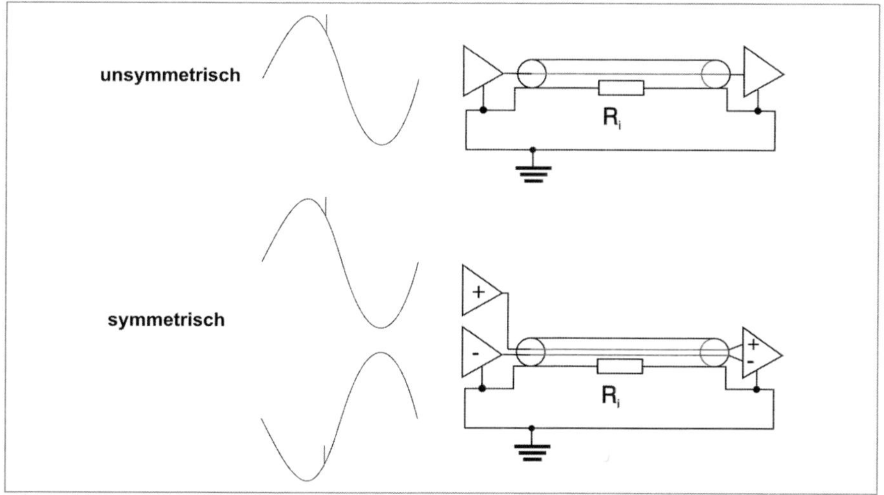

Bild 1.39: Unsymmetrische und symmetrische Leitungsführung

invertierte Signal. In der Eingangsschaltung des nachfolgenden Gerätes wird nun die Differenz gebildet zwischen Phase + und Phase –. Das Ergebnis ist das Nutzsignal mit doppelter Amplitude. Auch hier gibt es wieder eine Störung, diese behindert jedoch alle Leitungen in gleicher Stärke und auch mit dem gleichen Vorzeichen. In der nachfolgenden Differenzschaltung fällt diese Störung somit aus, weil die Differenz gleich null ist.

Im Audio-Bereich ist ein ungestörtes Signal noch essenzieller als im Video-Bereich. Insbesondere bei Mikrofonpegeln, die deutlich geringer als Line- oder auch Video-Pegel sind, würden Störungen viel stärker auffallen. Deshalb wird im professionellen Bereich, zumindest bei Mikrofonpegeln und bei längeren Leitungen (die anfälliger für Störungen sind), ausschließlich mit symmetrischen XLR-Leitungen gearbeitet. Bei EB-Kameras gilt die Existenz von XLR-Eingangsbuchsen als eines der Unterscheidungsmerkmale zwischen Profi- und Consumer-Kameras. Im Live- und Studio-Bereich wird in der Regel der Ton ohnehin separat oder gar nicht erfasst und verarbeitet, sodass dies meist von untergeordneter Bedeutung ist.

Bild 1.40: XLR-Stromversorgung an der Kamera

SCART-Stecker

Der SCART-Stecker ist ein preisgünstiger Multipin-Stecker von mechanisch eher zweifelhafter Qualität, der im Consumer-Bereich größere Verbreitung gefunden hat. Der SCART-Stecker ist in DIN EN 50 049-1 genormt.

Im einfachsten Fall überträgt der SCART-Stecker Stereo-Audio und Composite (FBAS), jeweils In und Out. Es können jedoch auch Komponenten-Signale als RGB, YUV und YPrPb übertragen werden, diese jedoch nur in eine Richtung. S-Video (YC) lässt sich wieder In und Out übertragen, wobei die FBAS-Pins 19 und 20 dann die Luminanz übertragen und die Chrominanz auf Pin 15 gelegt wird.

Es gibt noch einige Pins für Sonder- und Steuerinformationen – auf Pin 8 liegt z. B. das Seitenverhältnis (4:3 oder 16:9). Nicht alle Geräte unterstützen alle Möglichkeiten, die Minimalausstattung liegt bei Stereo-Audio und Composite. Die Abschirmung liegt auf dem Rahmen um die einzelnen Pins. Bisweilen wird dieser auch als Pin 21 bezeichnet.

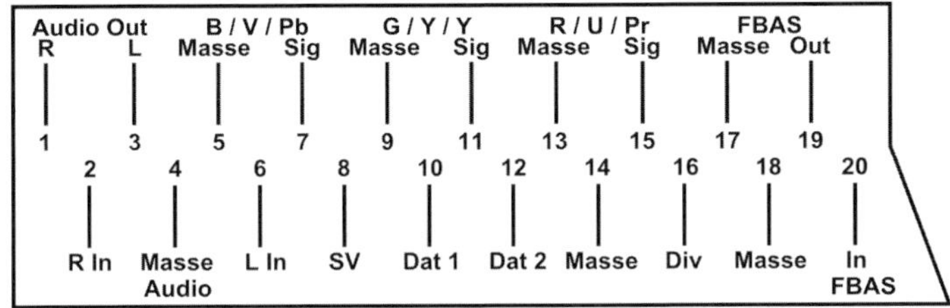

Bild 1.41: SCART-Stecker-Belegung

Billige SCART-Leitungen haben häufig nur einen Gesamtschirm, die einzelnen Audio- und Video-Leitungen sind also nicht gegeneinander abgeschirmt. Von solchen Leitungen sollte man Abstand nehmen. Ohnehin sollten bevorzugt andere Möglichkeiten eingesetzt werden. Verfügt ein Gerät ausschließlich über SCART-Anschlüsse, kommt man mit einem Adapter leicht auf dreimal Cynch und kann damit weiter gehen.

Bild 1.42: SCART-Buchse

S-Video (YC)

Mechanisch noch zweifelhafter als der SCART-Stecker ist der Mini-DIN-Stecker für das S-Video-Signal. Hier steckt man häufig in dem Dilemma, das qualitativ fragwürdige Composite mit BNC oder zumindest Cynch zu verwenden, oder das elektrisch bessere S-Video (YC) mit den zweifelhaften Steckverbindern. Im professionellen Bereich findet man ab und an ein YC-Signal auf mechanisch brauchbaren Steckverbindern. Dort wird allerdings in der Regel ohnehin von Anfang an mit Component gearbeitet.

Der S-Video-Stecker führt Luminanz (Y) und Chrominanz (C) getrennt, wobei diese beiden Leitungen jeweils ihre eigenen Masseleitungen haben.

Tipp: Auf http://de.wikipedia.org/wiki/S-Video ist eine sehr einfache Schaltung zu finden, wie man aus einem S-Video-Signal ein Composite-Signal macht.

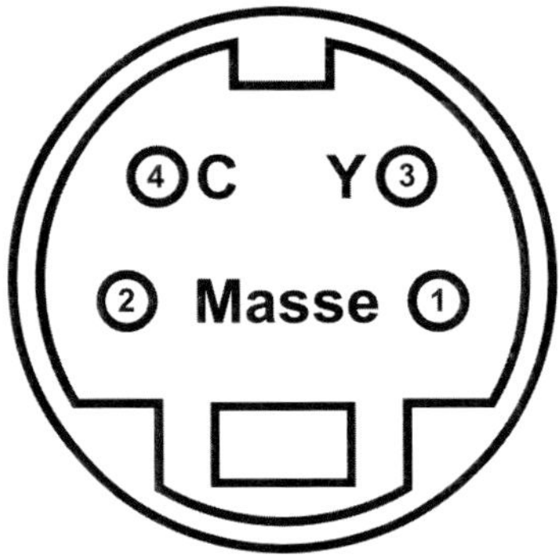

Bild 1.43: Belegung S-Video-Stecker

Bild 1.44: S-Video-Buchse

VGA-Stecker

Der VGA-Stecker ist ein dreireihiger 15-poliger Sub-D-Stecker, der zusammen mit der VGA-Karte beim PC und der gleichnamigen Auflösung eingeführt wurde. Inzwischen wird im PC-Bereich mit deutlich höheren Auflösungen gearbeitet, der VGA-Stecker blieb jedoch für analoge Signale bestehen.

Der VGA-Stecker ist mit einem analogen RGB-Komponentensignal belegt. Die drei Signalleitungen haben jeweils ihre eigene Masseleitung, die horizontale (H) und die vertikale (V) Synchronisation sind extra geführt. Mittels des seriellen DDC-Signals können sich Grafikkarte und Monitor über Aspekte wie verfügbare Auflösungen austauschen. Alternativ kann die maximale Auflösung eines Gerätes über die Pins ID0, ID1 und ID2 vercodet werden. Auf Pin 9 liegt bei manchen Geräten +5V.

Den VGA-Stecker gibt es in Ausführungen mit sehr unterschiedlicher mechanischer Stabilität. Ein häufiges Problem in der Veranstaltungspraxis sind abbrechende Pins. Manche Geräte (Switcher, Monitore, Beamer) nehmen ein VGA-Signal auch oder ausschließlich über fünf BNC-Leitungen entgegen – also die Signale R, G, B, H und V mit jeweils ihren Massen. Über hochwertige Leitungen lassen sich – egal ob VGA-Stecker oder Einzel-BNC-Stecker – Leitungslängen bis etwa 50 m legen.

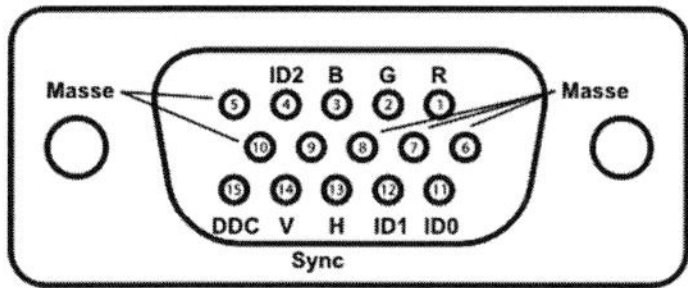

Bild 1.45: Belegung VGA-Stecker

Triax-Stecker

Der Triax-Stecker ist ein Steckverbinder für doppelt abgeschirmte Leitungen, die bei dem sogenannten Triax-Zug zwischen Kamera und *Camera Control Unit* (CCU) zum Einsatz kommen (siehe Kapitel 2.5.2). Die Steckerbelegung ist denkbar simpel: Der mittlere Anschluss führt den Innenleiter, die beiden Ringe die jeweils innere und äußere Abschirmung.

Bild 1.46: Triax-Anschluss an einer Kamera (Bild: Sony)

Analoge Sondersteckverbinder

Kommt zwischen Kamera und *Camera Control Unit* (CCU) keine Triax-Leitung zum Einsatz, werden vielpolige Multipinstecker verwendet. Auf diesen Steckern werden von der Kamera zur CCU insbesondere das Videosignal als Komponentensignal (RGB oder YPbPr), das Mikrofonsignal und das Intercomsignal geleitet. Von der CCU zur Kamera gehen die Stromversorgung, das Monitorbild, Steuersignale für die Kameraelektronik, die Iris und die Tally-Anzeige sowie das Intercomsignal.

Andere analoge Sondersteckverbinder kommen beim Anschluss des Kamerasuchers oder des Objektivs zum Einsatz. Bei solchen analogen Sondersteckverbindern folgt die Belegung in der Regel den „Hausnormen" der Hersteller. Nicht alles, was mechanisch zusammenpasst, ist auch elektrisch identisch belegt.

Bild 1.47: Analoge Sondersteckverbinder

1.3.2 Steckverbinder für digitale Signale

Cynch-Stecker, BNC-Stecker und XLR-Stecker

Cynch- und XLR-Stecker werden auch zur Übertragung digitaler Audio-Signale verwendet. BNC-Stecker kommen als Steckverbinder für SDI (*Serial Digital Interface*) bzw. HD-SDI zum Einsatz.

DVI-Stecker

Der DVI-Stecker (*Digital Visual Interface*) verbindet insbesondere Computermonitore mit Computern und ist diesbezüglich der Nachfolger des analogen VGA-Steckers. Da in der Grafikkarte das Signal ohnehin zunächst in digitaler Form vorliegt und auch in TFT-Displays digital weiterverarbeitet wird, ist die Wandlung auf und die Zurückwandlung von einem analogen Signal nicht hilfreich.

Grundsätzlich gibt es DVI-Stecker in den Varianten DVI-A für rein analoge Signale, DVI-D für rein digitale Signale und DVI-I für gemischt analoge und digitale Signale. DVI-A spielt nur bei Adaptern auf analoges VGA eine Rolle. Die meisten Grafikkarten geben DVI-I aus, sodass neuere Geräte digital versorgt , während ältere Geräte mittels eines einfachen DVI-VGA-Adapters analog betrieben werden können.

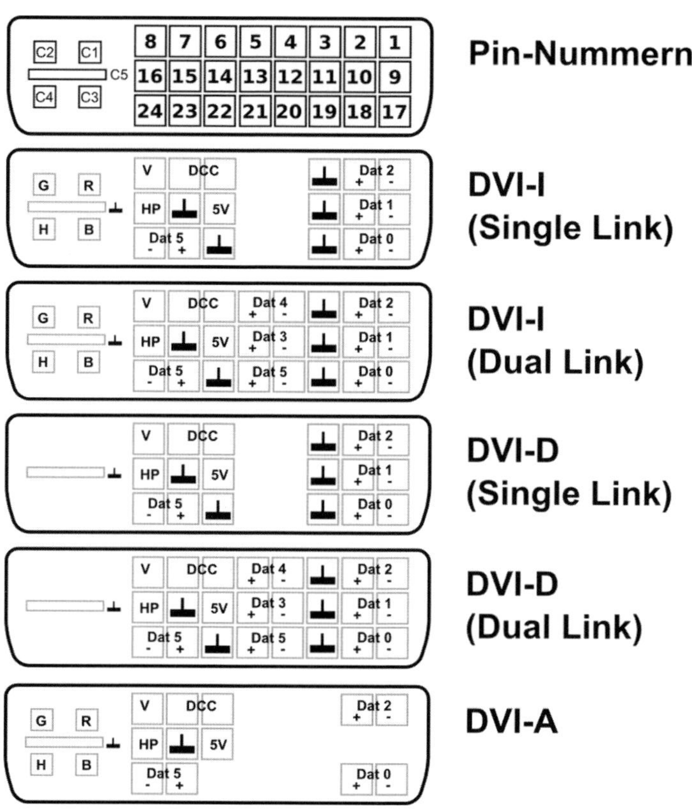

Bild 1.48: Anschlussbelegung DVI-Stecker

DVI-D und DVI-I gibt es in den Ausführungen *Single Link* und *Dual Link*. Während *Single Link* drei sogenannte TMDS-Wege (*Transition-Minimized Differential Signaling*) verwendet, sind es bei *Dual Link* sechs, sodass bei gleicher Bildfrequenz die doppelte Auflösung (in einer Dimension also die 1,41-fache Auflösung) übertragen werden kann. Das *Differential Signaling* in TMDS steht für symmetrische Signalübertragung – beim XLR-Stecker wurde bereits ausgeführt, warum das für störungsarme Signalübertragung sorgt. Dennoch sind bei DVI Leitungslängen nur bis etwa 5 m problemlos.

Eine Single-Link-Verbindung überträgt bis maximal 3,72 GBit/s, eine Dual-Link-Verbindung bis etwa 7,44 GBit/s. Zum Vergleich: Ein WUXGA-Signal (1 920 × 1 200) mit einer Farbtiefe von 8-Bit und einer RGB-Übertragung benötigt bei einer Bildfrequenz von 60 Hz:

$$B = 1920 \cdot 1200 \cdot 3 \cdot 8 \cdot 60 = 3{,}3\,\text{GBit/s}$$

Bei einer Dual-Link-Verbindung kommt man bei einer Bildfrequenz von 60 Hz bis etwa WQXGA (2 560 × 1 600), für deutlich höhere Auflösungen müsste man die Bildfrequenz reduzieren (was bei TFT-Displays vergleichsweise unproblematisch ist).

DVI-Stecker sind für die Praxis hinreichend stabil, auch vor dem Hintergrund, dass hier ohnehin keine langen Kabel existieren und kurze Leitungen meist pfleglich transportiert werden. Für längere Leitungen gibt es Converter, die das Signal auf eine CAT-5- oder CAT-6-Leitung und wieder zurückwandeln. Je nach Qualität der Leitung und der beabsichtigten Auflösung sind dabei auch Leitungslängen von über 50 m möglich.

Bild 1.49: DVI-Stecker und Buchse

HDMI-Stecker

Der HDMI-Stecker ist eine Weiterentwicklung des DVI-Steckers und rein digital. Auch hier wird das Signal mit drei TMDS-Wegen übertragen, es gibt jedoch keine Übertragung des analogen Videosignals. Der HDMI-Stecker ist für Leitungslängen bis 15 m spezifiziert.

Abseits der Geräte der Unterhaltungselektronik lassen sich HDMI-Buchsen zunehmend an Consumer-Video-Kameras finden. Solche Kameras werden bisweilen auch in der semiprofessionellen Videotechnik eingesetzt, sodass auf dem Markt Wandler nach SDI und auch Video-Switcher mit HDMI-Eingängen erhältlich sind.

Bis zur Version HDMI 1.2 unterstützt HDMI eine Datenrate von bis zu 3,96 GBit/s. Damit lässt sich 1 080p mit einer Bildfrequenz von 60 Hz übertragen. Bei einer Farbtiefe von 8 Bit sind die Formate RGB 4:4:4, YCbCr 4:4:4 und YCbCr 4:2:2 möglich, bei 10 Bit und 12 Bit zumindest noch YCbCr 4:2:2.

Mit HDMI 1.3 wurden die Datenraten auf 8,16 GBit/s erhöht, damit ist nun 1 440p mit 60 Hz möglich. Zudem kamen mit HDMI 1.3 höhere Farbauflösungen und der Mini-HDMI-Stecker hinzu (in HDMI 1.4 der Micro-HDMI-Stecker).

In gewissen Grenzen sind HDMI und DVI kompatibel und können mittels simpler Adapterkabel konvertiert werden. Probleme gibt es primär bei kopiergeschütztem Material, wenn die DVI-Seite den Kopierschutz HDCP nicht unterstützt. Problemlos ist jedoch der Anschluss eines PCs mit HDMI-Buchse an einen Monitor mit DVI-Eingang.

Bild 1.50 zeigt die Anschlussbelegung eines „normalen" HDMI-Steckers, also Typ A. Neben den drei TMDS-Wegen findet man hier insbesondere das symmetrisch übertragene Clock-Signal sowie den HDMI-Ethernet-Channel HEC. Ansonsten liegt *Consumer Electronics Control* (CEC) vor, ein Format zur Fernsteuerung von Geräten der Unterhaltungselektronik, sowie *Display Data Channel* (DDC) mit seinen Anschlüssen SCL (Takt) und SDA (Daten), eine serielle Kommunikationsschnittstelle zwischen Bildschirm und PC.

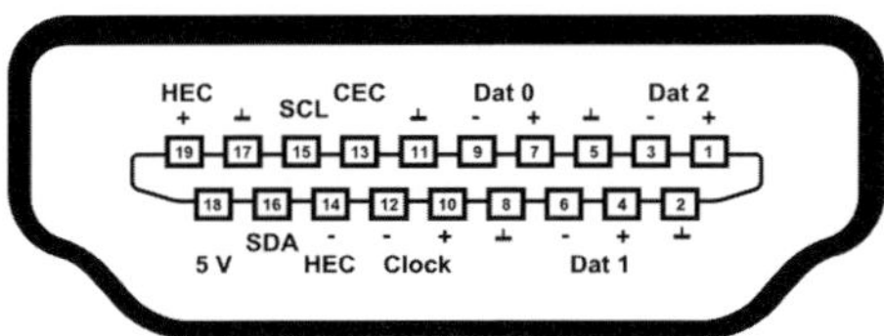

Bild 1.50: Anschlussbelegung HDMI Typ A

HDMI-Leitungen werden üblicherweise mit fest konfektionierten und vergossenen Steckern geliefert und sind mechanisch problemlos.

Bild 1.51: HDMI-Stecker (Normal und Mini)

FireWire-Stecker

FireWire ist ein Format von Apple, das als IEEE 1394 mit sechspoligen Steckverbindern standardisiert ist. Sony brachte dieses Format unter dem Begriff i.Link, einen vierpoligen, kleineren Stecker heraus, der in IEEE 1394a genormt ist und keine eigene Stromversorgung mitführt. Der vierpolige FireWire-Stecker (FireWire hat sich als Bezeichnung gegenüber i.Link durchgesetzt) war zur DV-Zeit der Standard-Steckverbinder an Video-Kameras. Inzwischen gibt es auch einen neunpoligen Stecker, der in der Videotechnik jedoch nahezu keine Rolle spielt.

Der sechspolige FireWire-Stecker beinhaltet eine eigene Stromversorgung mit üblicherweise (8 bis 33 Volt) und einem Strom von 1,5 Ampere. Damit können (im Gegensatz zum „normalen" USB mit 100 mA bei 5 V) auch Festplatten und CD-Player problemlos betrieben werden. Daneben gibt es zwei symmetrisch geführte Datenleitungen (TPA und TPB).

FireWire ist gebräuchlich in den Geschwindigkeitsklassen S200, S400 und S800, wobei die Zahl die Datenrate in MBit/s angibt. Es können theoretisch mehrere DV-Kameras (25 MBit/s) an einem Bus hängen, in der Regel ist jedoch dann die Weiterverarbeitung im Rechner der limitierende Faktor. FireWire arbeitet mit einer Bus-Topologie (die Geräte können also zwei Anschlüsse haben), damit das Signal weitergeleitet werden kann. An einem Bus können bis zu 63 Geräte hängen, die auch direkt Daten austauschen können und nicht die CPU des steuernden Rechners belasten müssen.

Bei S200 dürfen Leitungen zwischen zwei Geräten bis zu 14 m lang sein, bei S400 nur noch 4,5 m. Die Firma DataVideo hat sogenannte Repeater im Programm, um über FireWire längere Verbindungsstrecken aufbauen zu können.

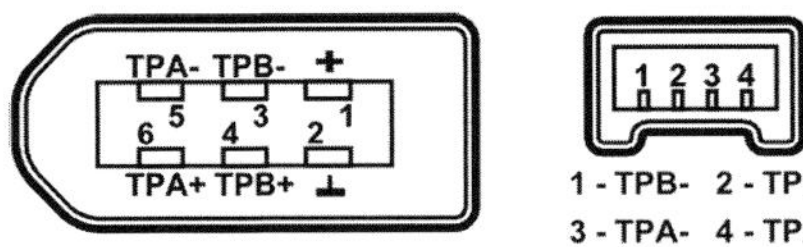

Bild 1.52: Belegung FireWire 6- und 4-polig

Während der 6-polige FireWire-Stecker mechanisch ziemlich unproblematisch ist, muss der 4-polige sehr präzise gesteckt werden, da die Toleranzen anfangs recht gering sind. Bei häufigem Gebrauch neigt der 4-polige FireWire-Stecker jedoch zum Ausleiern, was zu unzuverlässiger Übertragung führt.

Bild 1.53: FireWire

USB-Stecker

USB (Universal Serial Bus) ist ursprünglich dazu entwickelt worden, die serielle und die parallele Schnittstelle am PC abzulösen. Mit 12 MBit/s (1.0 und 1.1) war die erste Fassung dieser Schnittstelle viel zu langsam, um darüber Videodaten in brauchbarer Qualität zu übertragen, zumal zu dieser Zeit leistungsfähige Codierung zu rechenaufwändig war. Der Standard Anfang dieses Jahrhunderts war DV mit 25 MBit/s Datenrate, als Schnittstelle für Videodaten hatte sich FireWire etabliert. Mit der Einführung von USB 2.0 hat sich das geändert: Der Spezifikation wurde eine Datenrate von 480 MBit/s hinzugefügt, und selbst wenn sich mehrere Geräte diese Bandbreite teilen, reicht das zur Übertragung von Video-Daten in DV-Qualität aus. Gleichzeitig wurden kleine und stromsparende Prozessoren so leistungsfähig, dass damit eine MPEG-Codierung in der Kamera durchgeführt werden konnte. Da USB-Schnittstellen ohnehin an jedem aktuellen Computer vorhanden sind, werden Videodaten inzwischen über die USB-Schnittstelle übertragen, während die FireWire-Schnittstelle inzwischen massiv an Bedeutung verloren hat.

Mit der 2008 vorgestellten USB 3.0-Spezifikation wurde die Datenrate auf 5 GBit/s angehoben, damit lässt sich darin inzwischen sogar das unkomprimierte HD-Signal unterbringen.

Während FireWire eine Bus-Struktur hat (alle Geräte hängen in einer Linie, FireWire-Geräte haben bisweilen zwei Buchsen, damit das Signal weitergeleitet werden kann), liegt bei USB eine Baumstruktur vor: An eine Buchse kann stets nur ein Gerät angeschlossen werden. Dies kann aber auch ein Hub sein, der dann wiederum mehrere Ausgänge hat.

Bild 1.54: Anschlussbelegung USB-Stecker

Bild 1.54 zeigt die Belegung des A- und des B-Steckers. Der *Standard A*-Stecker wird auf der Seite zum Host-Controller (meist im Computer) angebracht, während der *Standard B*-Stecker auf der Seite zum Gerät verwendet wird. Low Speed-Geräte (Mäuse, Tastaturen) haben statt einer B-Buchse eine fest angebrachte Leitung mit A-Stecker.

Neben einer symmetrischen ausgeführten Signalleitung liegt auf der USB-Leitung auch noch eine mit 100 mA belastbare 5V-Spannung auf. Mit Zustimmung des Host-Controllers dürfen dann bis zu 500 mA entnommen werden. Manche USB-Geräte handhaben diese Grenzen jedoch sehr großzügig. Aufgrund seiner Verbreitung wird die USB-Buchse zunehmend als Stromversorgung zweckentfremdet, z. B. zum Laden von Mobiltelefonakkus.

USB-Stecker in normaler Baugröße sind mechanisch hinreichend stabil, weisen allerdings keinerlei Verriegelung auf – insbesondere der *Standard B*-Stecker kann mit geringem Kraftaufwand gezogen werden. Die USB-Steckverbindung gibt es auch als Mini- und Micro-USB-Stecker. An Videokameras im Consumer-Bereich ist der Mini-USB-Stecker weit verbreitet, dessen mechanische Eignung etwa dem des 4-poligen FireWire-Steckers entspricht.

1.4 Das dB

Das dB (dezi-Bel) ist ein in der Nachrichtentechnik verbreitetes Verhältnismaß. In der Videotechnik werden damit insbesondere Gain-Einstellungen und Leitungsdämpfungen beschrieben, in der Tontechnik insbesondere Signalpegel und Störabstände.

Das dezi-Bel ist ein Zehntel Bel. Das Bel ist ein logarithmisches Verhältnismaß – es werden also zwei Größen zueinander ins Verhältnis gesetzt. Von diesem Verhältnis wird der Logarithmus zur Basis zehn gebildet, und da ein dezi-Bel 0,1 Bel ist, wird das Ergebnis mit 10 multipliziert:

$$p = 10 \cdot \lg \frac{P_1}{P_2}$$

Es gibt Größen, die zur Leistung in einem quadratischen Verhältnis stehen, z. B. die elektrische Spannung ($P = U^2/R$). Solche Größen nennt man Feldgrößen. Solange man mit Pegelwerten (dB-Werten) hantiert, ist es egal, ob eine Feld- oder eine Leistungsgröße vorliegt – das bedingt allerdings, dass man den Unterschied bei der Umrechnung von einem Linear- in einen Pegelwert berücksichtigt (und natürlich auch bei der umgekehrten Umrechnung). Für Feldgrößen gilt also die folgende Formel:

$$p = 10 \cdot \lg \frac{U_1^{\,2}}{U_2^{\,2}} = 20 \cdot \lg \frac{U_1}{U_2}$$

Es können entweder die Feldgrößen (hier die Spannungen) quadriert werden, oder man multipliziert das Ergebnis mit 20 statt mit 10.

Tabelle 1.5 zeigt für einige dB-Werte das dazugehörende Verhältnis der Leistungs- bzw. Feldgrößen. Andere Werte lassen sich mit Hilfe der Logarithmen-Gesetze berechnen, z. B. *zwei Zahlen werden miteinander multipliziert, indem man ihre Logarithmen addiert.*

So berechnet sich das Verhältnis der Leistungsgrößen bei einem Pegelwert von 37 dB wie folgt:

$$37\ \text{dB} = 30\ \text{dB} + 7\ \text{dB}$$

$$30\ \text{dB} \mathrel{\hat{=}} 1000$$

$$7\ \text{dB} \mathrel{\hat{=}} 5$$

$$37\ \text{dB} \mathrel{\hat{=}} 1000 \cdot 5 = 5000$$

Insbesondere negative Pegelwerte rechnet man mit: *zwei Zahlen werden durcheinander dividiert, indem man ihre Logarithmen subtrahiert.* So entspricht –6 dB bei Leistungsgrößen:

$$-6\ \text{dB} = 0\ \text{dB} - 6\ \text{dB}$$

$$0\ \text{dB} \mathrel{\hat{=}} 1$$

$$6\ \text{dB} \mathrel{\hat{=}} 4$$

$$-6\ \text{dB} \mathrel{\hat{=}} \frac{1}{4}$$

Tabelle 1.5: Pegelwerte bei Leistungs- und Feldgrößen

Pegelwert	Leistungsgröße (P_1/P_2)	Feldgröße (U_1/U_2)
0 dB	1	1
1 dB	1,25	1,12
2 dB	1,6	1,25
3 dB	2	1,41
4 dB	2,5	1,6
5 dB	3,15	1,78
6 dB	4	2
7 dB	5	2,24
8 dB	6,3	2,5
9 dB	8	2,82
10 dB	10	3,15
11 dB	12,6	3,55
12 dB	16	4
13 dB	20	4,47
14 dB	25	5
15 dB	31,5	5,6
16 dB	40	6,3
17 dB	50	7,1
18 dB	63	8
19 dB	80	8,9
20 dB	100	10
30 dB	1 000	31,5
40 dB	10 000	100
50 dB	100 000	315
60 dB	1 000 000	1 000

Pegelwerte in der Praxis

Gerade im Bereich der Videotechnik machen Pegelwerte die Berechnungen sehr einfach.

Gain-Einstellungen

Annahme: Im Waveform-Monitor existiert ein Bild, dessen Spannungswerte zwischen 0 und 50 % liegen (das wären 0 bis 350 mV). Das Bild soll nun mittels der Gain-Einstellung (diese ist meist in 3 dB-Schritten abgestuft) so verstärkt werden, dass es zwischen 0 und 100 % liegt (also Spannungen zwischen 0 und 700 mV). Folgende Berechnung ist durchzuführen:

$$p = 20 \cdot \lg \frac{700\,\text{mV}}{350\,\text{mV}}\,\text{dB} = +6\,\text{dB}$$

Gain-Einstellung und Blende

Statt das Signal mittels Gain zu verstärken, kann auch die Blende weiter geöffnet werden. Auch die Blende ist logarithmisch geteilt, eine Blendstufe entspricht 3 dB. Bei vielen professionellen Video-Zoom-Objektiven hat eine voll geöffnete Blende eine Blendstufe von 1,4. Dementsprechend wäre der Zusammenhang zwischen Blendstufe und Signalabschwächung wie in Tabelle 1.6 dargestellt. (Die Blende verhält sich wie eine Feldgröße, da sich mit Verdoppelung des Durchmessers die Fläche vervierfacht und somit die vierfache Menge Licht auf den Bildwandler fällt.)

Blendstufe	Signalabschwächung
1,4	0 dB
2	–3 dB
2,8	–6 dB
4	–9 dB
5,8	–12 dB
8	–15 dB
11	–18 dB
16	–21 dB
22	–24 dB

Wenn die Blende auf 5,8 eingestellt wäre, und statt +6 dB Gain nun die Blende weiter geöffnet werden soll, dann entspräche dies der Blendstufe 2,8.

Gain und Shutter

Im Gegensatz zur Blendstufe ist die Shutter-Zeit eine „Leistungsgröße". Um eine Reduzierung der Shutterzeit von beispielsweise 1/100 auf 1/200 Sekunde zu kompensieren, müsste die Gain-Einstellung um 3 dB angehoben werden.

2 Videokameras

Videokameras wandeln ein optisches Signal in ein elektrisches um. Manche Videokameras haben ein Aufnahmeteil, ein Bandlaufwerk, eine Festplatte oder einen Festkörperspeicher eingebaut. Man spricht dann von Camcordern.

2.1 Das Objektiv

Am „Anfang" einer Kamera und der Signalverarbeitung steht das Objektiv, in dem die Signalverarbeitung sozusagen noch optisch erfolgt. Während im Consumer-Bereich das Objektiv in der Regel fest mit der Kamera verbunden ist, arbeitet man im professionellen Bereich mit getrennten Elementen. Dies hat mehrere Vorteile:

- Es lassen sich an ein und derselben Kamera verschiedene Objekte einsetzen, sodass ein für die jeweilige Aufgabenstellung geeignetes Objektiv verwendet werden kann. Zwar wird das in den allermeisten Fällen ohnehin der Standard-Zoom sein, allerdings mit der Möglichkeit, bei Bedarf z. B. ein Weitwinkel-Zoom zu verwenden. Bei fest verbundenen Objektiven müsste in einem solchen Fall ein Weitwinkel-Konverter verwendet werden (das ist eine Linse, die man vor das eingebaute Zoom schraubt – für die umgekehrte Aufgabenstellung gibt es auch Tele-Konverter), jedoch erreichen solche Kombinationen nicht die optische Qualität von eigens gerechneten Objektiven.
- Je nach Etat lässt sich die Kamera mit einem besseren (= teureren) oder günstigeren Objektiv ausstatten.
- Kamera und Objektiv lassen sich im Falle eines Defektes einzeln zur Reparatur schicken, während das nicht defekte Teil weiter verwendet werden kann.
- Kamerateile veralten technisch schneller als Objektive. Da gute Video-Objektive neu einige tausend Euro kosten, lässt sich diese Investition bei einem Technologie-Wechsel „retten", während der Kamerakopf dann wirtschaftlich fast vollständig abgeschrieben werden kann.

Das Objektiv einer Videokamera hat folgende Aufgaben:

- Wahl des Bildausschnittes (Zoom)
- Wahl der Schärfenebene (Fokus)
- Wahl der Helligkeit (Blende)
- In manchen Fällen kommt noch die Aufgabe der Bildstabilisierung hinzu (Reduzierung von Verwacklern, wenn ohne Stativ gearbeitet wird). Bildstabilisierungssysteme sind jedoch eher in Consumer-Kameras zu finden.

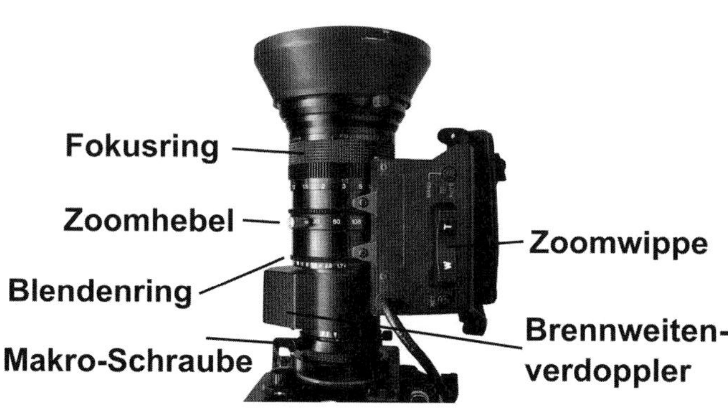

Bild 2.1: Zoom-Objektiv

Bild 2.1 zeigt die wesentlichen Bedienelemente eines 2/3"-Objektivs mit 12-fach-Zoom und Brennweitenverdoppler.

2.1.1 Brennweite und Zoom

Im Bereich der Festbrennweiten hat sich eine Einteilung der Objektive in Normal-, Weitwinkel- und Tele-Brennweiten eingebürgert. Als Normalbrennweite gilt alles, bei dem näherungsweise die Brennweite und die Diagonale des Aufnahmemediums gleich große sind – das entspricht auch etwa dem Wahrnehmungsbereich des menschlichen Auges. Beim aus der Fotografie bekannten Kleinbildformat wären das rechnerisch 43 mm, in der Praxis gelten 50 mm als klassische Normalbrennweite.

Kleine Brennweiten erfassen größere Bereiche und gelten daher als Weitwinkel. Größere Brennweiten vergrößern einen kleineren Bildausschnitt und werden als Tele bezeichnet.

Tabelle 2.1 zeigt, in welchem Brennweitenbereich welche Objektivcharakteristik bei welcher Größe des Aufnahmemediums liegt – zum Vergleich wird auch das Kleinbildformat aus der Fotografie aufgeführt. Nun werden in der Videotechnik selten Festbrennweiten eingesetzt, sondern Zoom-Objektive, deren Brennweite sich verstellen lässt. Das Zoom-Objektiv aus Bild 2.1 umfasst den Brennweitenbereich von 9 bis 108 mm, was die Charakteristik von „gerade noch Weitwinkel" bis hin zum Super-Tele einschließt. Mit dem Brennweiten-Verdoppler käme man von 18 bis 216 mm und würde damit komplett im Tele-Bereich liegen.

Tabelle 2.1: Brennweiten

		Winkel	KB	2/3"	1/2"	1/3"
Super-Weitwinkel	Weit-winkel	72 – 60,9	14 – 24	3,6 – 6,1	2,6 – 4,5	1,8 – 3,1
„Reportage-Objektive“		57,0 – 50,9	28 – 35	7,1 – 9,0	5,2 – 6,5	3,6 – 4,5
Normal-brennweite	Normal	47,1 – 35,6	40 – 60	10,2 – 15,3	7,4 – 11,2	5,1 – 7,7
„Portrait-Objektive“	Tele	31,6 – 23,3	70 – 100	17,9 – 25,6	13,0 – 18,6	9,0 – 12,8
Standard-Tele		17,7 – 12,1	135 – 200	34,5 – 51,2	25,1 – 37,2	17,3 – 25,6
Super-Tele		8,2 – 2,1	300 – 1 200	76,7 – 307,0	55,8 – 223,3	38,4 – 153,5

Diese etwas „unsymmetrische“ Aufteilung hat durchaus Gründe:

- Weitwinkel-Objektive und insbesondere Weitwinkel-Zooms sind schwieriger (= teurer) zu bauen, insbesondere dann, wenn sie nicht kräftig verzeichnen sollen. Als Verzeichnung bezeichnet man eine „Verbiegung“ des Bildes durch das Objektiv.
- Professionelle Videokameras haben keinen Auto-Fokus, sondern werden manuell scharf gestellt. Zu diesem Zweck wird an das Objekt voll herangezoomt, die Blende voll geöffnet, fokussiert und dann ein Stück zurückgezoomt. Von daher sollte das Objektiv im Tele-Bereich ein wenig „Reserve“ bieten.

Für den Zoom haben professionelle Kameras zwei Möglichkeiten:

- Mit dem Zoomhebel kann die Brennweite manuell eingestellt werden.
- Mit der Zoomwippe lassen sich motorische Zoom-Fahrten durchführen. Im Gegensatz zu Kameras im günstigen Consumer-Bereich haben Profi-Objektive eine stufenlose Einstellung der Zoom-Geschwindigkeit: Je weiter die Zoom-Wippe betätigt wird, desto schneller wird gezoomt.

Ob nun Hebel oder Wippe bevorzugt wird, ist nicht nur eine Frage des persönlichen Geschmacks: Im EB-Einsatz wird die Zoom-Wippe mit der rechten Hand bedient (die ansonsten nur noch die Kamera führt und die Aufnahmetaste betätigt), während alle anderen Kamerafunktionen mit der linken Hand bedient werden. Soll zeitgleich zu einer Zoomfahrt eine andere Kamerafunktion bedient werden (z.B.

der Fokus), dann geht das nur unter Zuhilfenahme der Zoom-Wippe. Dies hat den Nachteil einer kleinen Geräuschentwicklung, da der Zoom-Motor nicht lautlos arbeitet.

Sofern der Zoom-Hebel fest mit dem Objektiv verbaut ist, lässt sich der Zoom-Motor manuell ab- oder zuschalten: Auf dem Zoom-Ring am Objektiv (siehe Bild 2.1) ist ein Zahnkranz angebracht, in das der Zoom-Motor greift. Mittels eines Schalters (meist auf der Unterseite) kann nun das Zahnrad des Motors mit dem Zahnkranz verbunden oder eben getrennt werden. Ist die Zoom-Wippe „abgeschaltet“, dann steuert sie meist noch den Motor. Dieser hat dann aber keinen anderen Effekt als eine gewisse Geräuschentwicklung. Was Unerfahrene bisweilen als Defekt vermuten, ist nichts weiter als eine Objektiveinstellung.

Bild 2.2: Zoom-Motor zuschalten

Im Prosumer-Bereich gibt es Objektive, die vollständig motorgesteuert sind, wobei dieser Zoom-Motor mittels eines Rings am Objektiv gesteuert werden kann. Kennzeichen eines solchen Vorgehens ist das Fehlen eines mechanischen Anschlags am Zoom-Ring.

Bei Studio-Kameras wird die Zoom-Funktion häufig über einen Drehgriff oder eine Wippe am Stativarm gesteuert. Auch hier kommt eine Fernsteuerung des Zoom-Motors zum Einsatz. Die Anschlussbuchsen einer solchen Fernsteuerung sind unter dem Umschalter in Bild 2.2 zu erkennen.

2.1.2 Der Bildausschnitt

Mit einem Zoom-Objektiv ist man – in gewissen Grenzen – bei der Wahl des Bildausschnittes frei. Um die Kommunikation der Beteiligten zu vereinfachen, wurden gängigen Bildausschnitten feste Begriffe zugeordnet. Allerdings haben hier verschiedene Fachbuchautoren unterschiedliche Benennungssystematiken eingeführt. Eine der umfangreichsten Systematiken ist die von Ulrich Schmidt im Buch „Professionelle Videotechnik" veröffentlichte, die aufgrund ihres Umfanges hier dargestellt werden soll.

Extrem weit – very long short

Die Extrem-Weite wird in anderen Systematiken auch Supertotale oder extreme long short genannt. In dieser Einstellung wird die Umgebung (z. B. Landschaft) so weiträumig gezeigt, dass die Person darin verschwindet.

Weit – long shot

Die Weite wird in anderen Systematiken auch als Totale bezeichnet. Sie umfasst den Handlungsraum, in dem eine oder mehrere Personen agieren, z. B. ein Zimmer oder eine Bühne. Es wird alles gezeigt, was für das Verständnis der folgenden Handlung erforderlich ist.

Bild 2.3: Extrem weit

Bild 2.4: Weit

Total – full length shot

Die Totale wird in anderen Systematiken bereits als Halbtotale bezeichnet. Die Totale umfasst eine Person in voller Körpergröße und bei mehreren Personen die volle Körperlänge der größten Person.

Halbtotal – medium long shot

Vom Kopf bis zu den Knien.

Amerikanisch – tight shot

Vom Kopf bis zu den Oberschenkeln bzw. dem Revolvergürtel – aus dem Western-Genre hat diese Einstellung auch ihre Bezeichnung.

Halbnah – mid shot

Vom Kopf bis zu den Hüften. Diese Einstellung ergibt sich häufig bei der gleichzeitigen Darstellung von zwei oder drei Personen. Sie wird auch bei der Darstellung einer Person verwendet, wenn eine etwas breitere Bauchbinde verwendet werden soll (der Begriff Bauchbinde wäre dann auch anatomisch korrekt).

Nah – medium close up

Vom Kopf bis zur Brust. Dies ist eine typische Einzelpersonenansicht bei Diskussionsveranstaltungen, da sie Mimik und den wesentlichen Teil der Gestik zeigt.

Groß – close up

Diese Einstellung zeigt den Kopf und oberen Schulterbereich und lässt weitgehend nur noch Mimik erkennen.

Bild 2.5: Total

Bild 2.6: Halbtotal

Bild 2.7: Amerikanisch

Bild 2.8: Halbnah

Bild 2.9: Nah

Bild 2.10: Groß

Bild 2.11: Ganz groß

Bild 2.12: Sehr groß

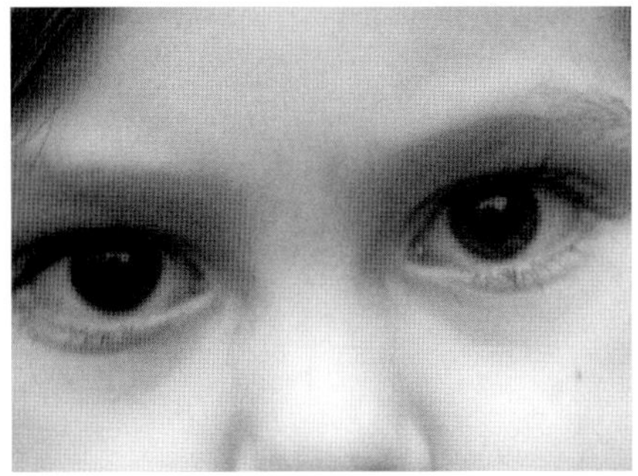

Bild 2.13: Extrem groß

Bild 2.14a und b: Falsch und korrekt gewählter Bildausschnitt beim Einsatz einer Bauchbinde

Ganz groß – big close up

In dieser Einstellung ist nur noch der Kopf, aber keine Schulter zu sehen. Der obere Teil der Haare ist bereits angeschnitten.

Sehr groß – very close up

Diese Einstellung zeigt nur noch das Gesicht zwischen Haaransatz und Kinn.

Extrem groß – extreme close up

Diese Einstellung wird in anderen Systematiken auch Detailaufnahme genannt. Es werden Details des Gesichts dargestellt.

Bei der Wahl des Bildausschnittes ist zu berücksichtigen, dass im Bereich der Live-Videotechnik häufig mit sogenannten *Bauchbinden* gearbeitet wird, also Texteinblendungen im unteren Bildbereich. Der Bildausschnitt ist somit so zu wählen, dass dadurch nicht bildwichtige Elemente verdeckt sind.

Bei manuell fokussierten Kameras kann man also nicht mittig aufs Gesicht zoomen, scharf stellen, und dann entsprechend zurück, weil man dann immer zu tief liegt, sondern muss fürs Zoomen etwas nach oben schwenken und danach wieder nach unten.

2.1.3 Fokus

Mit dem Fokus-Ring wird theoretisch die Schärfeebene, praktisch der Schärfebereich festgelegt. Bei konventionellen Objektiven gibt es zwischen dem Objektiv und „unendlicher" Entfernung nur eine (parallel zur Mittenebene der Frontlinse) liegende Ebene, die bestmöglich scharf abgebildet werden kann. Objekte, die nicht auf dieser Schärfeebene liegen, werden mehr oder weniger leicht unschärfer dargestellt. Je weiter sie von der Schärfeebene entfernt liegen, desto unschärfer werden sie abgebildet.

In der Praxis existiert ein Schärfebereich, da in einem gewissen Bereich vor und hinter der Schärfeebene die Abbildung immer noch so scharf ist, dass die

Unschärfe mit bloßem Auge nicht wahrnehmbar ist. Es schließt sich ein erweiterter Bereich an, in dem die Abbildung immerhin noch so scharf ist, dass das abgebildete Objekt klar zu identifizieren ist.

Die Tiefenschärfe muss nicht immer ein Problem darstellen, sondern kann auch als künstlerisch gewolltes Gestaltungsmittel eingesetzt werden. Gerade bei Makro-Aufnahmen ist es oft schwer, den abzubildenden Gegenstand hinreichend scharf zu bekommen. Auf der anderen Seite geben Profis viel Geld für hochgeöffnete Objektive aus, um den Schärfebereich noch ein wenig weiter eingrenzen zu können.

Die Tiefenschärfe ist kein konstantes Phänomen, sondern hängt von vier Parametern ab:

- Von der Brennweite des Objektivs. Tiefenunschärfe ist ein Phänomen von Teleobjektiven. Bei Weitwinkelobjektiven ist „von vorne bis hinten“ alles weitgehend scharf.
- Von der eingestellten Blende des Objektives. Je weiter die Blende geschlossen wird, desto größer wird der Schärfebereich. Um die Blende weit öffnen zu können, sind weit geöffnete Objektive erforderlich. Die maximal mögliche Blende berechnet sich aus der Brennweite durch Öffnung der Optik (maximal Durchmesser der Frontlinse) – gerade bei Teleobjektiven sind deshalb große Frontlinsen erforderlich. Da eine weiter geschlossene Blende insgesamt den Einfluss von Abbildungsfehlern vermindert, steigt bei weit geöffneten Objektiven der Aufwand exponentiell an, der erforderlich ist, um alle Abbildungsfehler zu kompensieren.
- Vom Abstand des Objektes zum Objektiv. Damit der Effekt der Tiefenunschärfe wahrnehmbar ist, muss der Abstand gering sein. Wird auf unendlich fokussiert, ist ab etwa 30 m ohnehin alles perfekt scharf.
- Vom Durchmesser des Bildwandlers. Je größer die Chips sind, desto mehr macht sich der Effekt der Tiefenunschärfe bemerkbar.

Die Punkte zwei und vier machen primär auch den Unterschied zwischen Profi- und Consumer-Kameras aus. Während man bei 2/3”-Kameras mit ihren hochgeöffneten Objektiven (stark herangezoomt und mit offener Blende) noch unterscheiden kann, ob auf die Nasenspitze oder das Ohrläppchen fokussiert wurde, ist bei den 1/4”-Chips von Consumer-Kameras gleich die ganze Personengruppe scharf. Wer das als Vorteil betrachtet, der schließt bei einer Profi-Kamera einfach entsprechend die Blende. Der „Preis“ für diese Möglichkeit, Teile des Bildes in der Unschärfe verschwimmen zu lassen, liegt nicht nur im finanziellen Bereich (professionelle Objektive kosten ein Vielfaches von kompletten Consumer-Kameras), sondern auch im Bereich Gewicht und Größe.

Bild 2.15a und b: Fokussierung auf die vordere und die hintere Person

Grundsätzlich gibt es vier Möglichkeiten, die Wahl der Schärfeebene zu realisieren:

- Der Fokus kann manuell aufgrund des visuellen Eindrucks eingestellt werden.
- Der Fokus kann manuell mittels der Entfernungsangaben auf dem Fokusring eingestellt werden.
- Der Autofokus der Kamera stellt den Fokus permanent ein.
- Der Autofokus der Kamera stellt auf Knopfdruck scharf.

Diese vier Möglichkeiten haben alle ihre spezifischen Vor- und Nachteile.

Der im Profi-Bereich immer noch vorherrschende Standard ist die Fokussierung mittels visuellem Eindruck. Die Kamerasucher im professionellen Bereich sind meist hochauflösende Schwarz-Weiß-Displays (fachlich korrekt müsste man das Graustufendisplay nennen), häufig noch in Röhrentechnik. Durch Verzicht auf die

Bild 2.16: Rangezoomt zum Einstellen der Schärfe

Bild 2.17: Zurück zum gewünschten Bildausschnitt

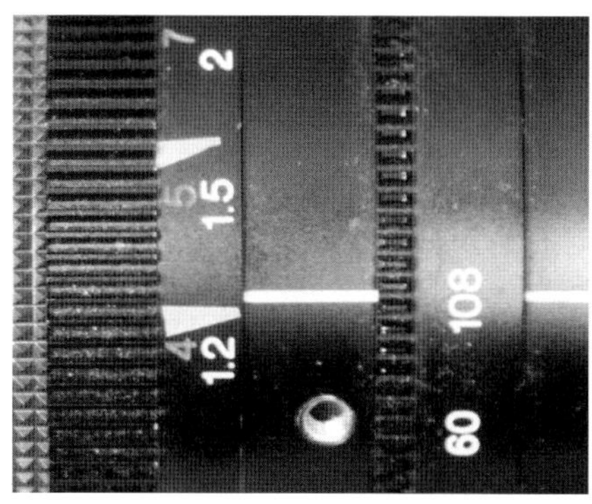

Bild 2.18: Markierungen auf dem Objektiv als Fokussierungshilfen

Darstellung der Chrominanz lässt sich der Schärfeeindruck besser beurteilen, als wenn man einen Farbsucher verwendet.

Wenn es ganz scharf sein soll, zoomt man ganz heran, öffnet die Blende maximal und stellt dann scharf. Anschließt zoomt man zurück auf den gewünschten Bildausschnitt und schließt die Blende wieder auf den gewünschten Wert. Durch die ganz geöffnete Blende und die maximale Blende hat man den Schärfebereich minimiert, sodass man zuverlässig mit bloßem Auge beurteilen kann, wo die Schärfeebene liegt. Durch das Zurückzoomen und das Schließen der Blende (auch wenn beides nur geringfügig sein sollte) vergrößert man den Schärfebereich, sodass man sich gewisse Toleranzen für leichte Bewegungen des Objektes geschaffen hat.

Das Problem der Technik mit dem „Heranzoomen" ist, dass es im Live-Betrieb – insbesondere, wenn nur eine Kamera zum Einsatz kommt – massiv störend ist. In etlichen Fällen kann man sich dadurch behelfen, dass man vor der Sendung alle relevanten Positionen penibel „ausmisst" und entsprechende Markierungen auf dem Objektiv anbringt. Der Autor bevorzugt für diesen Zweck Isolierband, aus dem er spitzwinklige Dreiecke schneidet, die sich rückstandslos wieder entfernen lassen.

Die Einstellung mittels Entfernungsangaben auf dem Objektiv scheitert meist daran, dass man Entfernungen schlechter einschätzt. Besser lässt es sich mittels eines guten Schwarz-Weiß-Displays einstellen. Wenn man jedoch eher im Normal- oder Weitwinkelbereich arbeitet und die Kamera als aktuelle Bildquelle verwendet, kann es vorkommen, dass man nicht heranzoomen kann, wenn das aktuelle Bild keine brauchbaren Bildelemente zum visuellen Scharfstellen bietet. Das kann

z. B. bei Rockkonzerten in der Zeit vor dem eigentlichen Programm der Fall sein, wenn die Bühne noch dunkel ist, man aber die Schärfeebene zumindest halbwegs korrekt setzen möchte.

Autofokus war im Profibereich lange verpönt, da auch die Technik lange nicht entsprechend ausgereift war, um brauchbare Ergebnisse zu liefern. Im Gegensatz zum Fotobereich reicht es bei Videoaufnahmen nicht, wenn beim Drücken des Auslösers das Bild scharf ist, sondern der Autofokus muss die ganze Zeit brauchbare Ergebnisse liefern. Auch sind im Fotobereich 10 % unscharfe Bilder kein Problem, da dort Profis ohnehin mit Serienaufnahmen arbeiten. Bei 10 % Ausschuss im Videobereich ist die Signalquelle hingegen eigentlich nicht mehr zu verwenden, zumindest nicht im Live-Betrieb.

Nachdem der Autofokus nun schon eine ganze Zeit lang brauchbare Ergebnisse liefert und zunehmend auch bei professionellen Kameras verbaut wird, freunden sich auch immer mehr Profis damit an. Es bleibt hier jedoch ein grundsätzliches Problem: Der Autofokus kann nur mit begrenzter Wahrscheinlichkeit ermitteln, wo denn eigentlich die Schärfeebene gewünscht ist. Diese muss nicht zwingend in der Bildmitte liegen – gerade in manchmal unübersichtlichen Live-Situationen können Menschen oder Gegenstände in die Bildmitte geraten, die dort nicht beabsichtigt sind. Da dies ohnehin selten gewollt ist, sollte der Autofokus nicht zusätzlich darauf scharf stellen und das eigentliche Objekt dank geringer Schärfentiefe schließlich völlig im Hintergrund verschwimmen.

Grundsätzlich gibt es zwei Ansätze, solche Probleme zu vermeiden: Im Consumer-Bereich gibt es die Idee, mittels Touch-Screen ein Objekt, z. B. eine Person, auswählen zu können, auf die scharf gestellt werden soll. Auch dann, wenn sich diese Person bewegt oder die Kamera geschwenkt wird, bleibt die Schärfeebene bei dieser Person. Das funktioniert zumeist ganz gut, scheitert aber im Profi-Bereich daran, dass man dort selten die Muße hat, ein paar Dinge auf dem Touch-Screen einzustellen und dann weiterzumachen.

Im Profi-Bereich verwendet man eher die Lösung, dass der Autofokus den Fokus nicht permanent nachführt, sondern auf Knopfdruck scharf stellt und dann die Schärfeebene wieder dort belässt, wo sie eingestellt wurde – inklusive der Möglichkeit der Bedienperson, den Fokus manuell nachzuführen.

2.1.4 Blende

Die Blende ist eine Vorrichtung innerhalb des Objektivs, die einen Teilbereich des Strahlengangs abschattet. Dabei ist die Blende so angebracht, dass sie nur die Objektivöffnung (Apertuöffnung), nicht jedoch das Gesichtsfeld verändert.

Die Blende ist dabei als Irisblende ausgeführt. Sie schattet also die äußeren Bereiche des Strahlengangs ab und lässt die inneren durch. Solch eine Blende ist nicht nur einfacher zu bauen, die Abbildungsfehler nehmen auch von innen nach außen zu, sodass eine Abschattung der äußeren Bereiche die Abbildungsqualität verbessert.

Die so genannte Blendzahl ist das Verhältnis von Brennweite zu optischer Öffnung des Objektivs. Die maximale optische Öffnung kann nicht größer als der Durchmesser der Frontlinse sein. Aus Rücksicht auf die Abbildungsqualität wird der mögliche Bereich bisweilen nicht vollständig ausgenutzt, gerade bei Zoom-Objektiven im Weitwinkelbereich. Die Blendzahl wird häufig als Teiler der Brennweite angegeben, z. B. *f/2*. Bei einer Brennweite von z. B. 50 mm und einer Blendzahl von f/2 würde das einer optischen Öffnung von 25 mm entsprechen.

Die Blende lässt sich stufenlos öffnen und schließen, als Skalenbeschriftung hat sich jedoch eine Teilung im Verhältnis 1,4 (genauer Wurzel aus zwei) eingebürgert. Das liest sich dann z. B. *1,4 – 2 – 2,8 – 4 – 5,6 – 8 – 11 – 16 – C*, wobei *C* für *close*, also eine komplett geschlossene Blende steht. Da das Schließen der Blende um eine Blendstufe die optische Öffnung sowohl horizontal als auch vertikal um den Faktor 1,4 verkleinert, halbiert sich die Fläche der optischen Öffnung und somit die zum Bildwandler gelangende Lichtmenge. Wollte man dieselbe Bildhelligkeit aufrechterhalten, müsste man im Gegenzug z. B. die Verstärkung (Gain) um 3 dB anheben.

Der Zusammenhang zwischen Blende und Schärfentiefe ist in 2.1.3 dargestellt.

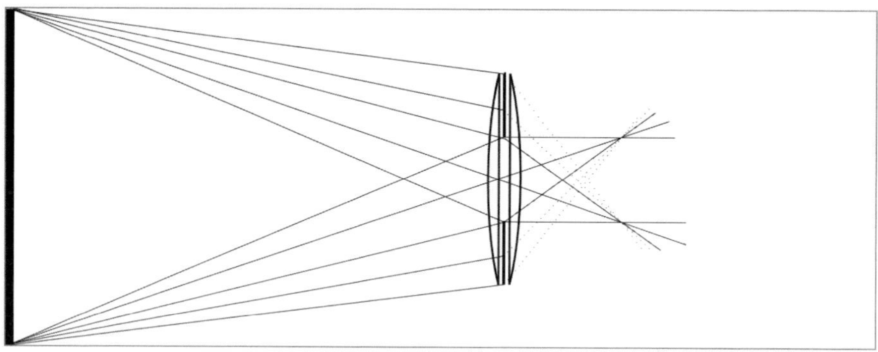

Bild 2.19: Funktionsweise der Blende

2.1.5 Makro

Professionelle Universal-Zooms haben meist eine Makro-Funktion zur Darstellung kleiner Objekte. Manchmal ist diese Makro-Funktion nur zuschaltbar, häufiger ist sie einstellbar. Dazu wird mit einem zusätzlichen Hebel – siehe Bild 2.20 – der Fokus hin zu kleineren Entfernungen verlagert.

Sobald der Makro-Hebel aus seiner Normal-Position heraus bewegt wird, hebt man die Schärfen-Konstanz des Objektivs auf. Mit dem Zoomen verlagert man zudem ganz erheblich die Schärfeebene. Die übliche Methodik „heranzoomen – scharfstellen – wegzoomen“ funktioniert hier nicht mehr. Um ein brauchbares Bild zu erhalten, muss man meist mit Fokus, Zoom und Makro „jonglieren“.

Erschwert wird der Vorgang dadurch, dass bei Makro-Aufnahmen die Tiefenschärfe extrem gering ist. Bild 2.21 zeigt die Aufnahme einer eng zusammengerollten USB-Verlängerung. Während die Vorderseite des Rings scharf ist, ist die Hinterseite bereits unscharf, ebenso die nach vorne abstehende USB-Kupplung.

Oft muss man ein erhebliches Stück abblenden, um das komplette Objekt scharf zu bekommen. Hat man dann nicht genügend Licht, muss die Verstärkung entsprechend angehoben werden (siehe 2.3.1), was entsprechend zu verrauschten Bildern führt.

Erfreulicherweise sind Makro-Aufnahmen in der Live-Videotechnik selten, sodass die damit verbundenen Probleme nicht häufig vorkommen.

Bild 2.20: Der Makro-Einstellhebel

Bild 2.21: Geringe Tiefenschärfe bei Makro-Aufnahmen

2.1.6 Auflagemaß einstellen

Während bei einem fest verbauten Objektiv der Abstand zwischen Objektiv und Farbtrennprisma werkseitig abschließend justiert werden kann, besteht bei Wechselobjektiven das Erfordernis, die Fertigungstoleranzen unterschiedlicher Objektive ausgleichen zu können. Man spricht hier von der Einstellung des Aufla-

Bild 2.22: Siemensstern

Bild 2.23: Einstellung des Auflagemaßes, erster Schritt

gemaßes. Zu diesem Zweck wird ein sogenannter Siemensstern verwendet. Dies ist eine geometrische Form, bei der sehr klar erkennbar ist, wo das Schärfemaximum liegt.

Ein Siemensstern besteht aus einer Vielzahl spitzwinkliger Dreiecke, deren Spitzen in einem Punkt zusammenlaufen. Um den Punkt herum, in dem sich die Spitzen treffen, entsteht ein Unschärfekreis, der umso größer ist, je unschärfer die Abbildung ist. Stellt man nun den Fokus so ein, dass dieser Unschärfekreis minimal klein ist, so hat man das Schärfemaximum erreicht.

Bild 2.24: Einstellung des Auflagemaßes, zweiter Schritt

Zur Einstellung des Auflagemaßes hängt man einen Siemensstern auf, nimmt ein paar Meter Abstand und zoomt das Objektiv auf minimale Brennweite (also so weit weg wie möglich). Mit dem Fokus-Ring fokussiert man auf den Siemensstern (siehe Bild 2.23).

Im nächsten Schritt zoomt man auf die maximale Brennweite (also so weit heran wie möglich). Die Abbildung wird nun nicht perfekt scharf sein (wenn doch, bricht man an dieser Stelle ab), sondern meist erheblich unscharf, siehe Bild 2.24.

Nun löst man die Schraube, mit welcher der Hebel zur Einstellung des Auflagemaßes fixiert ist, und stellt mit diesem Hebel (!) das Bild auf maximale Schärfe, siehe Bild 2.25.

Bild 2.25: Einstellung des Auflagemaßes, dritter Schritt

Nun zoomt man wieder auf minimale Brennweite, stellt mit dem Fokus-Ring (!) das Bild auf maximale Schärfe, zoomt dann wieder auf maximale Brennweite, justiert das Auflagemaß erneut nach (mit dem Hebel auf maximale Schärfe stellen) und wiederholt diese Schritte so oft, bis keine Veränderungen mehr notwendig sind. Danach fixiert man mit der Schraube den Hebel zur Einstellung des Auflagemaßes.

Wenn das Auflagemaß korrekt eingestellt ist, bleibt die Schärfeebene beim Zoomen stets an derselben Stelle. Verschiebt sich die Schärfeebene beim Zoomen, so ist dies ein Zeichen dafür, dass das Auflagemaß nicht korrekt eingestellt ist.

2.1.7 Filter

Professionelle Kameras haben zwischen dem Objektiv und dem Farbtrennprisma ein Filterrad, mit dem man verschiedene Graufilter (engl ND = neutral density, eingedeutscht Neutraldichtefilter) in den Strahlengang drehen kann. Dies dient nicht nur dazu, die Kamera größeren Beleuchtungsstärken aussetzen zu können, als dies mit dem Schließen der Blende alleine möglich wäre, sondern auch dazu, trotz hoher Beleuchtungsstärken die Blende weit öffnen zu können. Wie vorhin bereits ausgeführt, ist die Blende maßgeblich für die Schärfentiefe verantwortlich, sodass es auch aus gestalterischen Gründen den Wunsch geben kann, diese weiter zu öffnen, als es die Beleuchtungsstärke anraten würde.

Bild 2.26 zeigt das Einstellrad eines solchen Graustufenfilters. In diesem Beispiel können nicht nur verschiedene Beleuchtungsstärken ausgeglichen werden, sondern auch verschiedene Farbtemperaturen. Die Farbtemperatur 3 200k entspricht Glühlampenlicht, während die Farbtemperatur 5 600k ein Durchschnittswert für Tageslicht ist (dies gilt sowohl für Sonnenlicht als auch für Entladungslampen).

ND-Filter gibt es in Bild 2.26 nur für Tageslicht, wohl aus der Überlegung heraus, dass in einem Studio die Lichtverhältnisse stets gleichmäßig sind, sodass hier eine Anpassung nicht erforderlich ist. 25 % ND würde man auch als 1/4 beschreiben. Hier könnte man dann die Blende um zwei Blendstufen öffnen. 6,3 % entspricht 1/16. Dort könnte man die Blende dann um vier Blendstufen öffnen.

Die mittlere weiße Zahl gibt die aktuelle Einstellung an, die kleine orangene Zahl die Einstellung, wenn man in die entsprechende Richtung dreht.

Bild 2.26: ND-Filter

Während Graufilter in der Regel bereits in die Kamera eingebaut sind, werden andere Filter vorne auf das Objektiv aufgeschraubt, welches dafür ein entsprechendes Filtergewinde aufweist.

Zu den häufig verwendeten Filtern gehört das UV-Sperrfilter, kurz UV-Filter, das Licht um den ultravioletten, also bereits unsichtbaren Bereich, wegfiltert. Früher wurde in der Fotografie ein solcher Filter benötigt, da sowohl Film als auch Bildwandler auf ultraviolettes Licht reagieren, Objektive jedoch nur für einen begrenzten Bereich ausreichend farbkorrigiert sind. Außerhalb dieses Bereichs nehmen die Farbfehler stark zu und machen das Bild unscharf. Zudem können bei hohem UV-Anteil die Bilder blaustichig werden.

Inzwischen wird die UV-Sperrwirkung mit entsprechenden Linsenbeschichtungen erreicht. Der ursprüngliche Einsatzzweck von UV-Filtern ist somit entfallen. Sie werden jedoch gerne zum Schutz der Frontlinse eingesetzt, da sie deutlich günstiger als Objektive sind und im Schadensfall nicht ersetzt werden müssen, sondern erst mal ersatzlos entfernt werden können. Im Normalfall schaden sie nicht, lediglich bei Gegenlicht können darauf Reflexionen entstehen, die das Bild beeinträchtigen.

Zur Minderung von unerwünschten Reflexionen können Polarisationsfilter (kurz Polfilter) eingesetzt werden. Lineare Polarisationsfilter lassen das Licht in nur einer Schwingungsebene durch und sperren in der zu 90° gedrehten Schwingungsebene. Da reflektiertes Licht meist in einer bestimmten Ebene schwingt, kann es dadurch herausgefiltert werden, indem man den Polarisationsfilter entsprechend dreht. Polarisationsfilter mindern nicht nur die Reflexionen, sondern sorgen in vielen Fällen auch für kräftigere Farben.

Beim Einsatz von Polfiltern sollten innenfokussierte Objektive verwendet werden. Günstige Objektive sind in der Regel außenfokussiert, das heißt, beim Scharfstellen dreht sich die Frontlinse und mit ihr der dort angebrachte Filter – was bei Polfiltern natürlich weniger zweckmäßig ist. Mit etwas mehr Aufwand kann man das

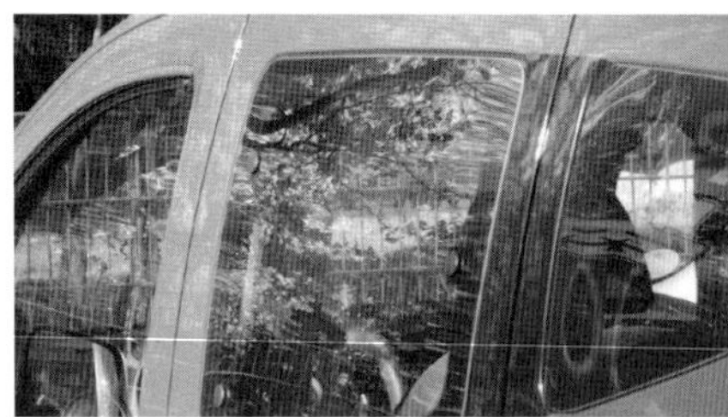

Bild 2.27: Bild ohne Verwendung eines Polfilters

Bild 2.28: Dasselbe Bild mit Verwendung eines Polfilters

Objektiv so bauen, dass nicht die Frontlinse verdreht, sondern Linsen im Inneren des Objektivs verschoben werden, was die angesprochenen Nachteile vermeidet. Bei Objektiven mit Innenfokussierung kann die Gegenlichtblende auf den rechteckigen Bildausschnitt hin angepasst und somit insgesamt enger gefasst werden. Sie weist dann eine rechteckige Form auf. Zumindest bei Profi-Kameras sind runde Gegenlichtblenden ein Zeichen für außenfokussierte und rechteckige Gegenlichtblenden ein Zeichen für innenfokussierte Objektive.

2.2 Bildwandler

Da Aufnahmeröhren in der Videotechnik schon länger keine Rolle mehr spielen, gibt es für die Bildwandler nur zwei grundsätzliche Bauformen: CCD und CMOS.

CCD steht für *charge-coupled device*, was mit „ladungsgekoppeltes Bauteil" übersetzt werden kann. Im Prinzip handelt es sich dabei um eine Reihe von lichtempfindlichen Halbleiterzellen. In Abhängigkeit von der Belichtung, also in Abhängigkeit des vom Objektiv erstellten Bildes, haben diese Zellen eine unterschiedliche elektrische Ladung. Um eine solche Zeile von Ladungszellen auszulesen, legt man hinter dem Bauteil, getrennt durch eine Isolierschicht, eine elektrische Spannung an, die von Zelle zu Zelle weitergeschaltet wird. Im Takt dieser Spannungsverschiebung wird nun auch die durch das Bild erzeugte Ladung verschoben und kann am Ende der Zeile ausgelesen und in eine elektrische Spannung gewandelt werden. Mit einer Zeile kommt man in der Videotechnik nicht weit, deshalb werden auf einem Aufnahmechip viele solcher Zeilen angeordnet. Diese Zeilen sind beim Videobild eigentlich Spalten: Da jede Ladungsweitergabe die Bildqualität ein klein wenig mindert, ordnet man die Zellen längs der kürzeren Abmessung des Chips an.

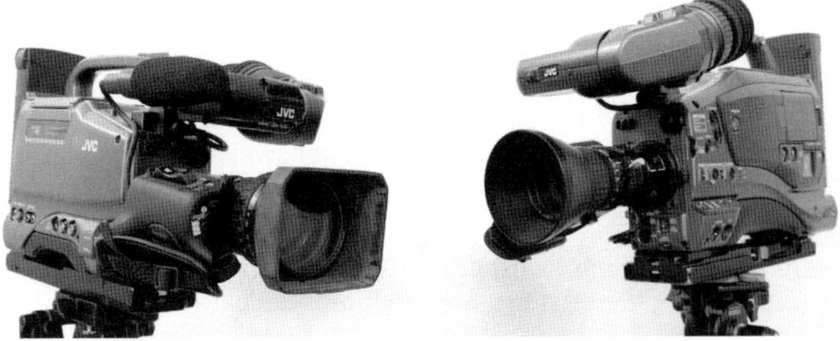

Bild 2.29: Innenfokussiertes Objektiv mit rechteckiger Gegenlichtblende und außenfokussiertes Objektiv mit runder Gegenlichtblende

CMOS steht für *complementary metal oxide semiconductor*, das ist zunächst eine ganz allgemeine Technologie für Halbleiterbauelemente. Viele Speicherchips und Leistungstransistoren sind nach diesem Prinzip hergestellt. Bei einem CMOS-Bildwandler gibt es pro Bildpunkt eine Fotodiode als lichtempfindliches Bauelement und ein paar CMOS-Transistoren für die Verstärkung. Bei einem CMOS-Bildwandler kann also jedes einzelne Pixel direkt ausgelesen werden, während bei einem CCD-Wandler die einzelnen Bildpunkte immer nur zeilenweise ausgelesen werden können.

Die Details beider Technologien sollen hier nicht weiter interessieren, sie sind auch für den Praktiker relativ uninteressant.

Beide Bauformen haben ihre spezifischen Vor- und Nachteile, wobei insbesondere die Nachteile durch den technischen Fortschritt immer weiter reduziert werden:

- CCD-Wandler neigen zu Smearing- und Blooming-Effekten. Diese entstehen auf unterschiedliche Weise, äußern sich jedoch beide durch senkrechte Striche in „Spalten“ mit hellen, meist überbelichteten Stellen. Blooming tritt dadurch auf, dass sich bei der Überbelichtung zu viel Ladung in einer Zelle ansammelt und auf benachbarte Zellen „überschwappt“, während Smearing beim Auslesevorgang entsteht.
- CMOS-Wandler haben ein schlechteres Signal-Rausch-Verhalten. Bei wenig Licht rauschen die Bilder somit stärker.
- CMOS-Wandler können höhere Szenenkontraste (also Unterschiede zwischen hellen und dunklen Bildstellen) erfassen.

Kameras unterscheiden sich nicht nur darin, von welcher Technologie ihre Bildwandler sind, sondern auch darin, wie viele sie davon besitzen. Egal, ob CCD- oder CMOS-Wandler, es handelt sich dabei um Luminanz- und nicht um Chrominanz-Wandler, auch wenn diese unterschiedliche Farben im Empfindlichkeitsmaximum haben.

Kameras im Consumer-Bereich arbeiten häufig mit nur einem Bildwandler. Damit dieser etwas anderes als nur Graustufenbilder liefert, wird vor dem Chip ein Farbmusterfilter angebracht, sodass ein Teil der Pixel nur rote, ein Teil nur grüne und ein Teil nur blaue Bildanteile erhält. Diese Vorgehensweise hat leider einen erheblichen Nachteil: Auf denselben Chip müssen nun theoretisch dreimal so viele Pixel, in der Praxis meist viermal so viele (da man ein Quadrat nicht in drei Quadrate unterteilen kann). Somit wird das einzelne Pixel kleiner, dementsprechend verschlechtert sich das Signal-Rausch-Verhalten.

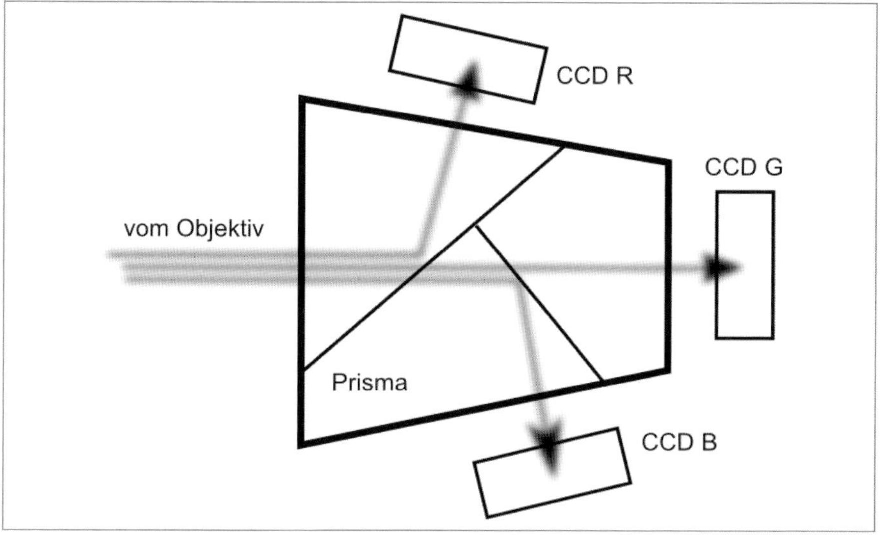

Bild 2.30: Farbtrennprisma bei einer 3-Chip-Kamera

Im professionellen Bereich verwendet man deshalb drei Aufnahmechips und separiert die Farben mittels eines Farbtrennprismas, so wie dies schematisch in Bild 2.30 dargestellt ist. Anschließend gibt es einen Aufnahmechip für jede der drei Grundfarben, sodass man dadurch ein RGB-Signal erhält.

In der Videotechnik haben sich Aufnahmechips der Größen 2/3", 1/2" und 1/3" etabliert. Wenn man die angegebenen Abmessungen in Zoll umrechnet, dann stellt man fest, dass diese keineswegs den Nenngrößen entsprechen. Dies hat wiederum historische Gründe: Die Nenngrößen bezogen sich ursprünglich auf den Durchmesser der Aufnahmeröhre – diese stand jedoch nicht in voller Breite zur Verfügung, sondern nur rund 63 % davon. Dementsprechend lag die Bilddiagonale einer 1"-Röhre nicht bei 25,4 mm, sondern lediglich bei 16 mm.

Bei der Umstellung von Aufnahmeröhren zu Halbleiterchips wurden die Abmessungen beibehalten. Dementsprechend sind die Bilddiagonalen erheblich kleiner als in der Fotografie, dementsprechend höher liegt auch die Schärfentiefe.

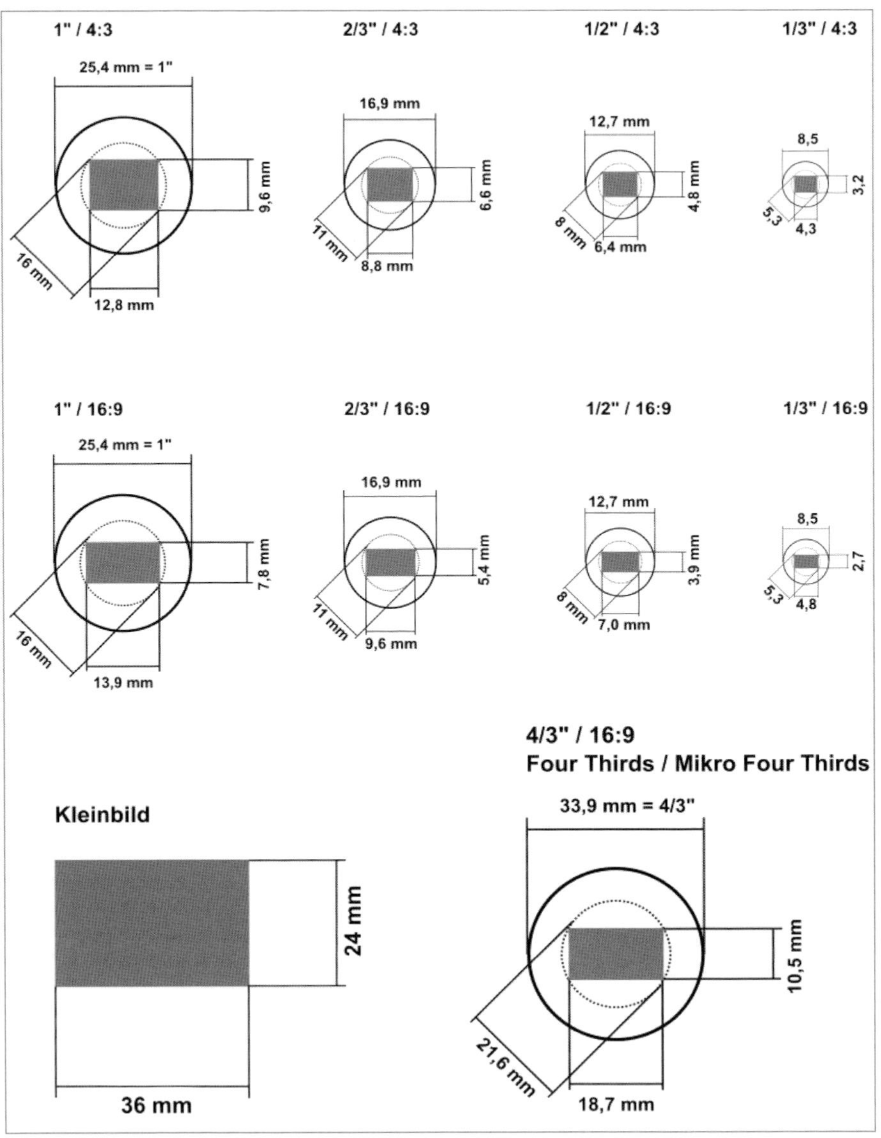

Bild 2.31: Größe der Aufnahmechips

2.3 Kameraelektronik

Das Signal aus den Bildwandlern ist noch kein fertiges Videosignal, sondern muss noch elektronisch aufgearbeitet werden

2.3.1 Shutter/Gain

Der Begriff *shutter* kommt aus der Fotografie bzw. dem analogen Film und bezeichnet einen mechanischen Verschluss, der für eine begrenzte Zeit das analoge Filmmaterial zur Belichtung freigibt. Auch wenn im Videobereich kaum noch mit mechanischen Verschlüssen gearbeitet wird, hat sich dieser Begriff dennoch gehalten.

Im Normalfall werden die Bildwandler im Takt der Bildfrequenz ausgelesen, bei PAL also mit 50 Hz (50 Bilder pro Sekunde). Die Bildwandler können etwa 1/50 Sekunde lang belichtet werden, danach wird das Bild ausgelesen. Diese maximal mögliche Zeit nutzt man meist auch aus, da mit der Belichtungszeit auch der Rauschabstand des Signals ansteigt. Ist das Bild zu hell, schließt man am Objektiv entsprechend die Blende.

Wie jedoch in 2.1.3 dargelegt, erhöht man mit dem Schließen der Blende auch die Schärfentiefe. Möchte man aus gestalterischen Gesichtspunkten jedoch nur das Objekt scharf haben, nicht jedoch den Hintergrund, dann kann man die Blende so weit wie möglich geöffnet halten. Hier besteht nun die Möglichkeit, mit Hilfe des Shutters die Zeit zu reduzieren, in der auf den Bildwandlern Ladung angesammelt wird. Reduziert man die Belichtungszeit von 1/50 auf 1/100, so entspräche das dem Schließen der Blende von 1,4 auf 2 oder einem Gain von –3 dB. (Das dB ist in Kapitel 1.4 beschrieben.)

Die Shutter-Zeiten sind üblicherweise im Verhältnis 1:2 bis 1:2,5, also in Schritten von 3 dB oder 4 dB, skaliert. Eine gängige Teilung wäre z. B. 1/50, 1/100, 1/250, 1/500, 1/1 000 und 1/2 000. Neben solchen festen Schritten haben Kameras bisweilen auch variable Shutter, deren Frequenz individuell eingestellt werden kann. Dies wird vor allem zum korrekten Abfilmen von Röhrenmonitoren und für Fernseher mit Bildröhre benötigt.

Neben der Blende und dem Shutter gibt es noch eine dritte Möglichkeit der Helligkeitsregulierung, nämlich die elektronische Verstärkung, englisch *gain*. Während man mit Blende und Shutter das Bild dunkler macht, bekommt man es mit der Verstärkung heller. Üblich sind Stufen zu 3 dB, also 0 dB, 3 dB, 6 dB, 9 dB, 12 dB, 15 dB und 18 dB. 0 dB würde einer Verstärkung von 1 entsprechen, also das Signal unbeeinflusst lassen.

Bisweilen haben Kameras noch eine automatische Einstellung der Belichtung (je nach Hersteller *autogain*, *autolux* oder ähnlich benannt). Üblich ist auch ein Modus für ganz geringe Umgebungshelligkeiten (*lolux* oder ähnlich), in dem die Verstärkung ohne Rücksicht auf das Bildrauschen angehoben wird – die Kamera agiert dann sowohl von der Empfindlichkeit als auch von der Bildqualität her in etwa wie ein Nachtsichtgerät. In manchen Fällen wird dann auch der Infrarot-Filter vor den Bildwandlern entfernt und die Kamera auf einen Graustufenmodus umgestellt.

Jegliche elektronische Verstärkung hebt nicht nur das Nutzsignal, sondern auch das Signalrauschen mit an. Je mehr die Helligkeit mittels *gain* angehoben wird, desto schlechter (vor allem verrauschter) wird das Bild. Bei brauchbaren Kameras sind 6 dB Anhebung meist noch unauffällig, danach wird es zunehmend schwierig.

Das Signal lässt sich nicht nur elektronisch verstärken, sondern auch abschwächen. Dies ist jedoch nur in engen Grenzen, konkret in den Grenzen der Übersteuerungsfestigkeit der Bildwandler, sinnvoll. In der Regel gibt es – wenn überhaupt – nur die Einstellung −3 dB.

Bei professionellen Schulter-Camcordern ist es üblich, dass die Gain-Einstellung mittels eines dreistufigen Kippschalters links vorne am Kameragehäuse erfolgt. Im Menü lässt sich dann einstellen, wie dieser Kippschalter belegt wird. Die sinnvolle Belegung hängt auch immer vom konkreten Einsatzzweck ab – in einem gut ausgeleuchteten Studio wird man vielleicht −3 dB, 0 dB und +3 dB wählen, während man im Außeneinsatz vor allem größere Verstärkungen benötigt. Die häufigste Einstellung des Autors ist 0 dB, +6 dB und *Auto*.

2.3.2 Weißabgleich

Licht ist nicht gleich Licht. Glühlampenlicht ist rötlicher als das Tageslicht oder das Licht aus Entladungslampen. Der Profi spricht hier von der Farbtemperatur des Lichtes, die ein Maß für den Farbeindruck einer Lichtquelle ist. Physikalisch definiert ist die Farbtemperatur als Temperatur eines schwarzen Strahlers und wird folglich in Kelvin angegeben. Tabelle 2.2 zeigt die Farbtemperaturen gängiger Lichtquellen.

Da das menschliche Auge (genauer gesagt – das die Seheindrücke verarbeitende Gehirn) unterschiedliche Farbtemperaturen automatisch ausgleicht, fallen uns die Unterschiede bei den Farbtemperaturen im realen Leben nur im direkten Vergleich auf – anders als bei Videoaufnahmen, in denen eine weiße Wand mal gelblich und mal bläulich erscheinen kann.

Deshalb haben Videokameras einen sogenannten Weißabgleich, mit dessen Hilfe durch entsprechende Anpassung des Rot- und Blauanteils unterschiedliche Farbtemperaturen ausgeglichen werden. Im Profi-Bereich arbeitet man in der Regel mit

Tabelle 2.2: Farbtemperaturen gängiger Lichtquellen

Lichtquelle	Farbtemperatur
Kerze	1 500 K
Haushaltsglühlampe	2 600 K–2 800 K
Studio-Halogenglühlampe	3 200 K
Leuchtstofflampe (Kaltweiß)	~ 4 000 K
Studio-Metalldampflampe	4 500 K–5 800 K
Mittagssonne	5 500 K–5 800 K
Klares blaues, nördliches Himmelslicht	15 000 K–27 000 K

einem manuellen Weißabgleich. Dazu zoomt man bildfüllend eine weiße Fläche (weiße Wand, ein Blatt Papier, zur Not das Hemd eines Kollegen) und drückt auf den Weißabgleichschalter. Die Kamera passt nun Rot- und Blauanteil so an, dass beide gleich dem Grünanteil sind, das Bild also weiß.

Üblicherweise lassen sich mehrere Presets speichern, damit man verschiedene Lichtsituationen vorab ausmessen kann und während der Veranstaltung nur noch umschalten muss. Bisweilen ist bei diesem Umschalter auch eine Schalterstellung für Kunstlicht, also für Studio-Glühlampenlicht. Dieses ist – im Gegensatz zu echtem Tageslicht, dessen Farbtemperatur stark schwankt – zuverlässig bei 3 200 K, sodass man dies nicht eigens ausmessen muss.

Bild 2.32: Wahlschalter für den Weißabgleich links an der Kamera

Bild 2.33: Kipptaster für den automatischen Weißabgleich vorne an der Kamera

2.3.3 Gamma und Knie

Bei der klassischen Fernsehröhre ist der Zusammenhang zwischen Helligkeit (korrekt: Leuchtdichte) und Spannung des Bildsignals nicht linear, sondern folgt einer Potenzfunktion:

$$\frac{L}{L_{max}} = \left(\frac{U}{700\,mV}\right)^{y}$$

Der sogenannte Gamma-Wert γ beträgt bei einer klassischen Bildwiedergaberöhre etwa 2,2. Aus wirtschaftlichen Gründen wurde diese Nichtlinearität nicht in jedem einzelnen Fernsehgerät kompensiert, sondern in jeder einzelnen Aufnahmeröhre – hier wird ein Gamma-Wert von 0,45 benötigt. Als Nebeneffekt erreichte man dadurch einen etwas besseren Störabstand, da tendenziell mit höheren Spannungen gearbeitet wurde.

In manchen Kameras kann nun der Gamma-Wert verändert werden. Ziel ist dann nicht mehr nur eine Kompensation des Gamma-Wertes auf die Wiedergabeseite, sondern eine gezielte künstlerische Gestaltung: Erhöht man den Gamma-Wert, so verbessert sich dadurch die Durchzeichnung in den dunklen Bildstellen. Daraus

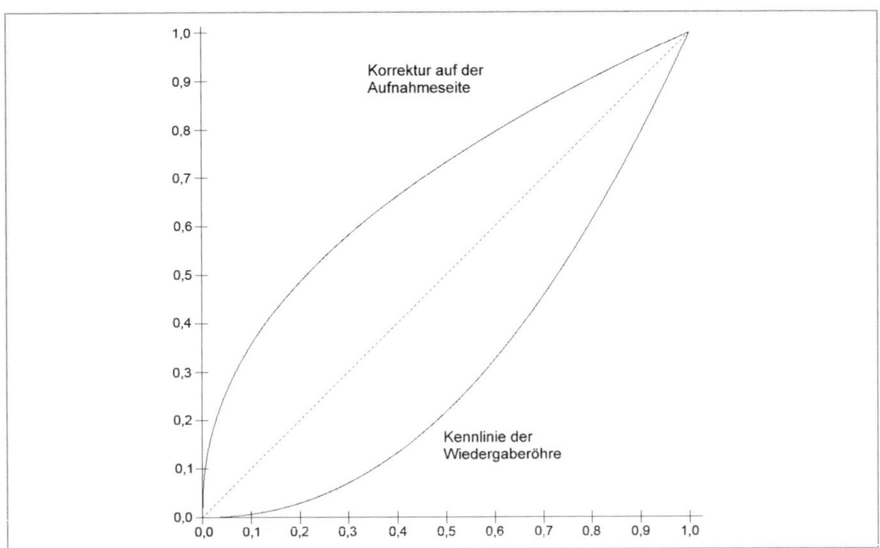

Bild 2.34: Unterschiedliche Gamma-Werte bei Aufnahme und Wiedergabe gleichen sich gegenseitig aus

folgt jedoch mehr Rauschen im Bild. Um die Durchzeichnung in den hellen Bildstellen zu verbessern, reduziert man den Gamma-Wert.

Ein anderer Eingriff in die Linearität der Bildwiedergabe sind sogenannte Knie-Schaltungen, im englischen oft *Auto Knee* oder so ähnlich genannt. Grundlage für die folgende Ausführung sei nun das Gesamtsystem mit den sich ausgleichenden Gamma-Werten, also Helligkeit, Aufnahme und Wiedergabe.

Ohne eine Knie-Schaltung steigt die Wiedergabehelligkeit linear mit der Aufnahmehelligkeit an, bis irgendwann die maximale übertragbare Spannung eine harte Grenze setzt und sich die Wiedergabehelligkeit nicht mehr erhöhen lässt, weil das Steuersignal nicht mehr größer werden kann. Alle helleren Bildstellen werden dann unterschiedslos weiß dargestellt. Wird eine bessere Durchzeichnung gewünscht, muss man abblenden (und bekommt eine schlechtere Durchzeichnung in den dunkleren Bildbereichen).

Mit einer Knie-Funktion endet der lineare Zusammenhang zwischen Eingangs- und Ausgangssignal nicht bei 100 %, sondern etwas früher, z. B. bei 85 %. Dann geht die Funktion (abrupt oder weich) in einen deutlich flacheren Verlauf über. Voraussetzung ist, dass die Bildwandler, die nachfolgende Kameraelektronik sowie die Analog-Digital-Wandler entsprechende Übersteuerungsreserven bieten.

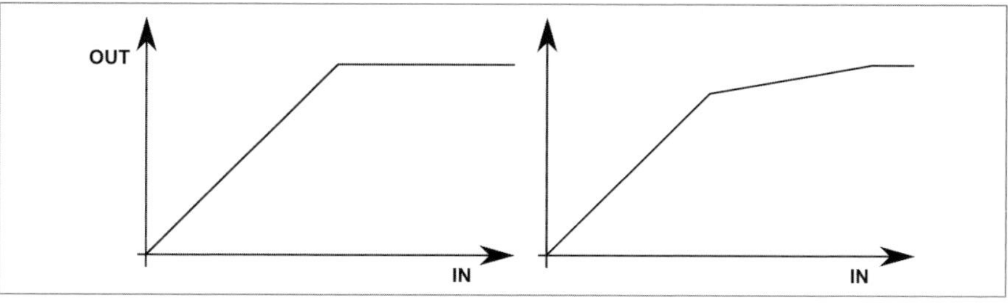

Bild 2.35: Übertragung ohne (links) und mit (rechts) Knie-Funktion

Am anderen Ende der Übertragungskurve bieten manche Kameras ebenfalls Eingriffsmöglichkeiten, die dann *Black Stretch* (bessere Durchzeichnung in den dunklen Bildbereichen, mehr Bildrauschen) beziehungsweise *Black Compress* (geringere Durchzeichnung in den dunklen Bildbereichen, weniger Bildrauschen) heißen.

Allen diesen Abweichungen von der linearen Übertragungsfunktion (einschließlich der Übersteuerung) ist gemein, dass sie die Farbsättigung verändern.

2.4 Sucher und Monitor

Ein Kameramann sollte natürlich sehen, was er tut, deshalb ist eine Kamera mit einem Sucher, einem Display und/oder einem Monitor ausgestattet.

2.4.1 Sucher

Ein Kamerasucher wird mit einem Auge betrachtet, das andere sieht die Umgebung. Da mit dem Auge der Sucher restlos abgeschattet wird, kann das Bild ohne Streulicht betrachtet werden. Man kann das Bild auch noch in hellen Umgebungen hinreichend gut beurteilen, gegebenenfalls muss das andere Auge geschlossen werden.

Schulter-Camcorder sind daraufhin ausgelegt, auf der rechten Schulter zu liegen, mit der rechten Hand geführt zu werden (während die Linke dann Zoom, Blende und weitere Kamerafunktionen einstellt), und auch der Sucher wird mit dem rechten Auge betrachtet – wer mit diesem Auge nicht gut sieht, hat allerdings ein Problem.

In Kamerasuchern kommen teilweise immer noch Schwarz-Weiß-Bildröhren zum Einsatz. Röhren erzeugen das schärfere Bild und durch den Verzicht auf die Farbe lässt sich die Bildschärfe besser beurteilen – gerade in Kameras ohne Autofokus ist das essenziell.

Neben dem Bild werden auch noch etliche andere Informationen eingeblendet, z. B. Rahmen und Hilfslinien zur Orientierung, Informationen über Blende und Shutter, Akku-Spannung, Aussteuerungsanzeigen für den Ton und vieles mehr. Nach Möglichkeit sollte individuell einstellbar sein, welche Informationen angezeigt werden und welche nicht.

Bild 2.36: Kamerasucher eines Schulter-Camcorders

Professionelle Kamerasucher (und auch Kameramonitore) haben in der Regel drei Einstellregler: für Helligkeit, Kontrast und Kantenaufsteilung. Um den Sucher einzustellen, stellt man zunächst Kontrast und Peaking auf mittlere Werte, stellt 100/75-Farbbalken (*Bars*) ein und verändert dann die Helligkeit so, dass der Unterschied zwischen Blau (der zweitletzte Balken – auf einem Schwarz-Weiß-Sucher ist dies nicht erkennbar) und Schwarz (letzter Balken) hinreichend ist. In der Regel besteht auch eine deutliche Abstufung zwischen Weiß (erster Balken, 100 %) und Gelb (zweiter Balken, 75 %), ansonsten regelt man noch ein wenig den Kontrast nach. Nun kann auf das reale Bild umgeschaltet und dort die Kantenaufsteilung dem persönlichen Geschmack angepasst werden. Am Kontrast sollte nun allenfalls noch wenig, an der Helligkeit eigentlich gar nichts mehr zu regeln sein.

Consumer-Kameras werden primär über das Display bedient. Eingebaute Sucher sind meist Notbehelfe mit sehr geringer Auflösung und in Farbe. Sie haben dort ihre Berechtigung, wo aufgrund von erheblicher Umgebungshelligkeit auf dem Display nur wenig oder gar nichts mehr zu erkennen ist.

2.4.2 Kameramonitore

Kameramonitore werden auf Studiokameras eingesetzt. Sie unterscheiden sich primär dadurch von Suchern, dass die Bildröhren deutlich größere Abmessungen haben, aus rund einem halben Meter Abstand und mit beiden Augen betrachtet werden. Sucher und Monitore haben bisweilen dieselben Steckverbinder, sodass von einem zum anderen umgerüstet werden kann.

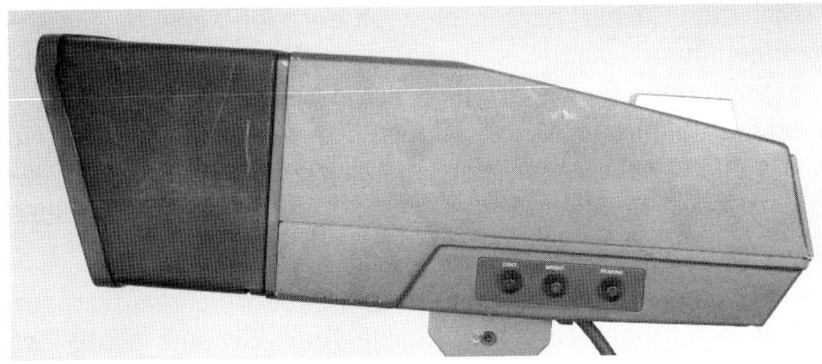

Bild 2.37: Kameramonitor mit Tally

Kameramonitore wie Sucher sind meist mit einer sogenannten Tally-Anzeige (engl. für *übereinstimmen*) versehen. Mit dieser Anzeige wird im Studio-Betrieb gekennzeichnet, welche Kamera gerade vom Bildmischer auf den Ausgang gemischt ist. Zu diesem Zweck gibt es am Bildmischer entsprechende Kontakte, die mit der CCU

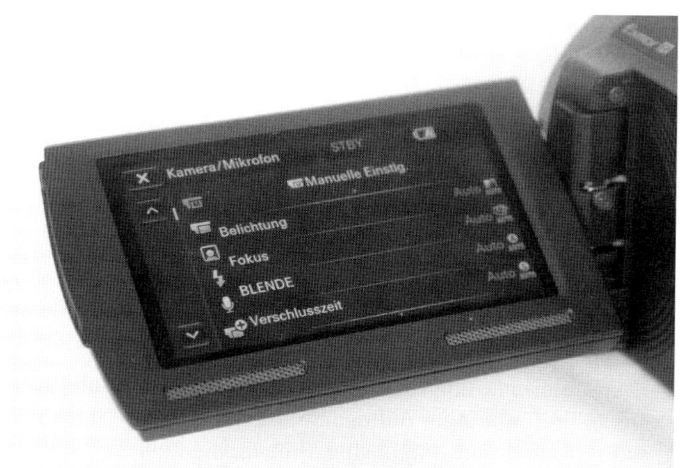

Bild 2.38: Display mit Touch-Screen an einer Consumer-Kamera

(siehe 2.5.1) verbunden werden. Von dort wird das Signal mit dem Multicore bzw. der Triax-Leitung zur Kamera weitergeleitet, die dann die traditionell rote Lampe an- bzw. abschaltet.

2.4.3 Displays

LCD-Displays sind das zentrale Bildwiedergabeelement an Consumer-Kameras, werden aber zusätzlich zum Sucher inzwischen auch bei Profi-Kameras verwendet. Gerade bei handgehaltenen Kameras ermöglichen sie die Betrachtung des Bildes mit etwas Abstand, ohne Gewicht und Abmessungen eines Kameramonitors aufzuweisen. Bei LCD-Displays ist das Bild, insbesondere die Bildhelligkeit, meist stark abhängig vom Betrachtungswinkel. Eine zuverlässige Beurteilung des Bildes ist somit nur beschränkt möglich. Zudem sind Kameradisplays ohne Zubehör seitlichem Lichteinfall quasi schutzlos ausgeliefert.

In Consumer-Kameras werden zunehmend sogenannte Touch-Screens verbaut, also Displays, die auf Berührung reagieren. Solche Touch-Screens sind Fluch und Segen zugleich. Fluch deswegen, weil sie sich während der Aufnahme kaum bedienen lassen, ohne dabei das Bild zu verwackeln (was sich durch Bildstabilisierungssysteme wie bei dem in Bild 2.38 abgebildeten Modell nur teilweise kompensieren lässt). Auf der anderen Seite eröffnen sich damit Möglichkeiten, die anders nur schwer zu realisieren wären: Zum Beispiel tippt man auf das relevante Bildelement und die Kamera führt automatisch den Fokus auf dieses Objekt nach, auch wenn sich dieses und/oder die Kamera bewegt.

Bild 2.39: Anzeige von Überbelichtung mittels Zebra-Funktion

2.4.4 Zebra und Skin Area

Gerade bei Schwarz-Weiß-Suchern lässt sich die Grenze zwischen hellen Bildstellen und Überbelichtung häufig nicht zuverlässig beurteilen. Während bei weißen Bildstellen Überbelichtung meist nicht groß auffällt, ändern farbige Bildstellen – im Schwarz-Weiß-Sucher unerkennbar – ihre Farbe bis hin zu Weiß. Auch bei Kameradisplays, deren Bildwiedergabe stark winkelabhängig ist, lässt sich Überbelichtung häufig nicht zuverlässig erkennen. Aus diesem Grund wurde die Zebra-Funktion entwickelt: Die Kameraelektronik erkennt überbelichtete Bildstellen sehr zuverlässig und schraffiert diese schwarz-weiß.

Überbelichtete Stellen müssen nicht „um jeden Preis“ vermieden werden. Anders als beim Ton, wo Übersteuerungen sehr störend sind, sind Überbelichtungen beim Bild einfach nur weiße Stellen. Wird z. B. bei Tageslicht von innen gegen ein Fenster gefilmt, dann ist es überbelichtet, wenn die Bildhelligkeit auf den Innenraum hin eingestellt ist. Dasselbe gilt für einzelne Lichtquellen wie Lampen oder Kerzen. Dem Auftreten von „Zebra“, also von überbelichteten Stellen, muss also nicht sofort mit dem Schließen der Blende begegnet werden – aber der Kameramann sollte dann schon wissen, welche Bildstellen überbelichtet sind und welche nicht.

Wie die Zebra-Funktion genau arbeitet, hängt von der Kamera ab und lässt sich häufig auch einstellen. In manchen Fällen wird die komplette überbelichtete Stelle schraffiert (also alles über 100 %), bei anderen Modellen wird nur ein bestimmter Luminanzbereich um die 100 % (z. B. 95 % bis 105 %) schraffiert, der Kern von überbelichteten Stellen ist dann wieder unschraffiert.

Bisweilen lässt sich die Zebra-Funktion auch auf eine Luminanz von etwa 70 % (z. B. 65 % bis 75 %) einstellen. Hintergrund dieser Funktion ist, dass es oft gar nicht so sehr darauf ankommt, dass nichts überbelichtet ist, sondern vielmehr darauf, dass die bildwichtigen Teile brauchbar belichtet sind. Diese bildwichtigen Teile sind in vielen Fällen menschliche Gesichter, und diese werden brauchbar abgebildet, wenn die Hautpartien eine Luminanz von etwa 70 % aufweisen.

Bisweilen wird bei dieser Funktion auch noch die Chrominanz mit berücksichtigt, sodass nur die Stellen schraffiert werden, die nicht nur die passende Luminanz haben, sondern auch von der Farbe her Hautpartien sein könnten. Eine solche Funktion nennt der Hersteller bisweilen auch *Skin Area*.

2.5 Kameratypen

Im Laufe der Zeit haben sich einige Kameratypen herausgebildet, die jeweils für einen bestimmten Zweck optimiert sind.

2.5.1 Der klassische Kamerazug

Der klassische Kamerazug besteht aus

- der Kamera,
- der Camera-Control-Unit (CCU), welche meist auch die Stromversorgung der Kamera übernimmt, und
- dem Remote-Panel, das die Bedienelemente auf kleinem Raum zusammenfasst.

Der Grund für die Trennung von Kamera und CCU liegt darin, dass in einem Studio mehrere Kameras im Einsatz sind, die ein ähnliches Bild (bezüglich Helligkeit, Kontrast, Farbabstimmung) liefern sollen. Die Einstellung der dafür erforderlichen Parameter überlässt man nicht dem Kameramann, da dieser zur Abstimmung die Bilder der anderen Kameras kennen müsste. Zudem hat dessen Tätigkeit andere Prioritäten.

Somit erfolgt die Angleichung der einzelnen Kamerasignale in der Bildtechnik, in der dem Bildingenieur entsprechende Vorschaumonitore und Messtechnik zur Verfügung stehen. Der Kameramann kann sich dann auf die Aspekte Bildausschnitt und Schärfe konzentrieren.

Eine CCU kann man nicht beliebig klein bauen: Sie erfordert auch für selten benötigte Parameter Bedienelemente, Anschlussbuchsen für die verschiedenen Signale, im Inneren umfangreiche Signalverarbeitung sowie die Stromversorgung der beteiligten Komponenten. Der Bildingenieur muss jedoch die Steuerelemente aller

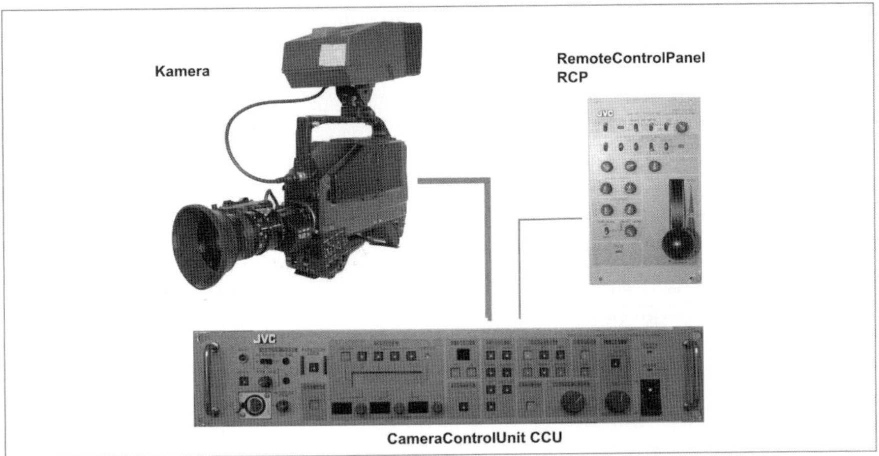

Bild 2.40: Der klassische Kamerazug

Kameras im direkten Zugriff haben. Deshalb trennt man noch mal zwischen CCU und RCP: Am Arbeitsplatz hat der Bildingenieur nur die Bedienelemente, die er konkret braucht, dafür ist das RCP auch deutlich kleiner gebaut als die CCU. Hinzu kommt, dass die CCU bisweilen einen eingebauten Lüfter hat, der nicht geräuschlos arbeitet, weshalb man die CCU gerne in einen „Maschinenraum" auslagert.

Die Verbindung zwischen Kamera und CCU erfolgt beim klassischen Kamerazug mittels eines vielpoligen Kabels, einem sogenannten Multicore. In diesem Multicore sind alle Leitungen zwischen Regie und Kamera geführt, auch die Stromversorgung und die InterCom.

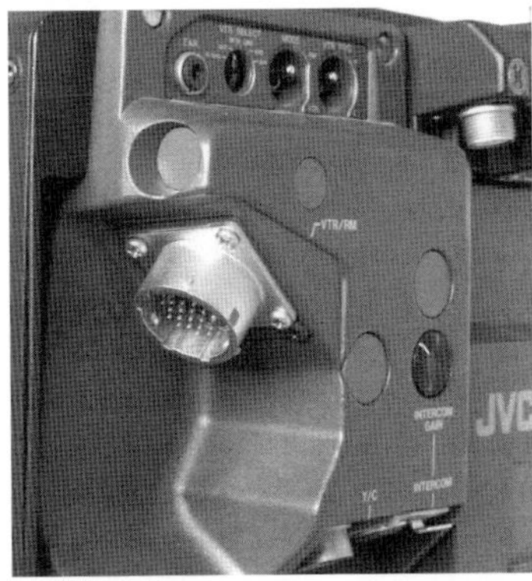

Bild 2.41: Multipin-Stecker an der Kamera

Die Verbindung zwischen CCU und RCP erfolgt häufig über eine serielle Schnittstelle.

Bild 2.42: Das RemoteControlPanel

Auf dem RemoteControl Panel sind je nach Hersteller unterschiedliche Bedienelemente angeordnet. Üblicherweise findet man zumindest die folgenden Einstellmöglichkeiten:

- Ein „Operating"-Schalter, mit dem man die Kontrolle der Kamera von der CCU übernimmt.
- Ein „Bars"-Schalter, mit dem man von Kamerabild auf 100/75-Balken umschalten kann.

- Die Blende wird meist mit einem Regler gesteuert, während beim Gain häufig auch ein mehrpoliger Schalter eingesetzt wird.
- Der Shutter kann eingestellt werden, üblicherweise in Schritten, die 3 dB entsprechen (1/500, 1/1 000, 1/2 000) und ist zusätzlich variabel.
- Regler zur Rot- und Blau-Abstimmung, oft getrennt nach den hellen und den dunklen Bildstellen.
- Als optisch beherrschendes Bedienelement des RCP den Joystick: Auf einem Regler, ähnlich einem T-Bar-Regler eines Bildmischers, kann man die Feinabstimmung der Blende vornehmen. Gleichzeitig kann man diesen Knopf drehen und damit den Schwarzwert des Bildes einstellen. Damit können also gleichzeitig und einhändig Helligkeit und Kontrast des Bildes feinabgestimmt werden.

2.5.2 Der Triax-Zug

Der Triax-Zug ist zunächst einmal ein Kamerazug. Die Verbindung zwischen Kamera und CCU erfolgt jedoch nicht mit einem vielpoligen Multicore, sondern mit einer doppelt abgeschirmten einpoligen Hochfrequenzleitung. Eine abgeschirmte einpolige Hochfrequenzleitung nennt man Koaxialleitung, kurz Koaxleitung. Der Begriff leitet sich davon ab, dass der Leiter und die Abschirmung dieselbe Mittelachse haben. Wird eine Leitung doppelt abgeschirmt, dann haben drei Elemente dieselbe Mittelachse, sodass man das triaxial nennt, kurz Triax. Von einer solchen Triax-Leitung hat der Triax-Zug (engl. triax chain) seinen Namen.

Zwischen Kamerakopf und CCD müssen eine Vielzahl von Signalen übertragen werden, und zwar in beide Richtungen. Sofern dafür nur eine Leitung zur Verfügung steht, müssen diese Signale auf Hochfrequenzträger aufmoduliert werden, sodass sie unterschiedliche Frequenzbereiche nutzen. Dies ist vergleichbar mit dem Frequenzspektrum für Funkwellen, mit denen auch viele Signale gleichzeitig übertragen werden können, sofern diese auf unterschiedliche Frequenzen aufmoduliert sind.

Nun hat man auf einer solchen Leitung quer durchs ganze Frequenzspektrum einen erheblichen Pegel, mit dem man Funkverbindungen (wie z. B. drahtlose Mikrofone) erheblich stören könnte. Aus diesem Grund wird diese Leitung nicht nur einmal, sondern zweimal abgeschirmt.

Bild 2.43 zeigt beispielhaft die Belegung des Frequenzspektrums. Die Verteilung der einzelnen Signale auf die unterschiedlichen Frequenzbänder ist nicht genormt, sodass ein Kamerakopf nur mit der dazugehörenden CCU betrieben werden kann – allenfalls sind einige Produkte desselben Herstellers untereinander kompatibel. Genormt ist lediglich der Steckverbinder, sodass man die Leitungen für Triax-Züge

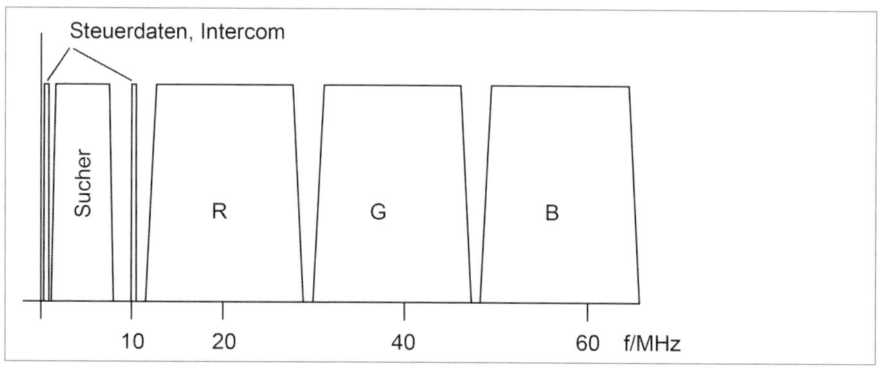

Bild 2.43: Nutzung des Frequenzspektrums beim Triax-Zug

unterschiedlicher Hersteller verwenden kann. Somit gehört zur Installation von Fernsehstudios, aber auch von anderen Bauten wie z. B. Parlamentsgebäuden, häufig eine gewisse Anzahl fest verlegter Triax-Leitungen.

In diesem Beispiel laufen die Signale bis 10 MHz von der CCU zum Kamerakopf und die Signale von 10 MHz bis knapp über 60 MHz vom Kamerakopf zur CCU. In den hin- sowie zurücklaufenden Signalen verlaufen Steuersignale und die Intercom, also die Sprechverbindung von CCU (Bildregie/Bildtechnik) zur Kamera. Von der Kamera zur CCU werden vor allem die Bilddaten übertragen, hier als RGB.

Bild 2.44: Studio-Kamera Sony DXCD55 mit Triax-Anschluss (Photo: Sony)

Alternativ wäre auch das Komponent-Format möglich, bei dem man weniger Bandbreite belegen würde (wodurch bei denselben Kabeltypen längere Leitungslängen möglich wären). Von der CCU zur Kamera muss vor allem das Sucherbild übertragen werden.

Eine Weiterentwicklung ist die digitale Übertragung von Kamera zu CCU mittels Glasfaser. SMPTE 311 spezifiziert dafür eine Leitung mit zwei Glasfasern (eine für jede Richtung) sowie sechs Kupferadern (Strom jeweils doppelt, sowie zwei Adern für die Steuerung).

2.5.3 Die große Studio-System-Kamera

In professionellen (Fernseh-)Aufnahmestudios wird primär mit System-Kameras auf Pumpenstativen gearbeitet. In der Live-Videotechnik sind diese aus Budget-Gründen seltener.

Bild 2.45: Sony HDC-2000 von vorne (Photo: Sony)

Solche Studio-Kameras zeichnen sich durch folgende Eigenschaften aus:

- In allen Funktionen fernsteuerbares Objektiv, in der Regel komplett eingehaust („boxed optic"), die Bedienelemente für Fokus und Zoom sind an den Stativhebeln angebracht.
- Kameramonitor, kein Sucher.
- Fahrbares Pumpenstativ, in dem ein Gasdruck das Gewicht der Kamera ausbalanciert, sodass sie mit sehr wenig Kraftaufwand in der Höhe verstellt werden kann. (Studio-Kameras werden nicht gekippt, sondern mit der Höhe der Kamera an die Höhe sitzender/stehender Personen angepasst.)

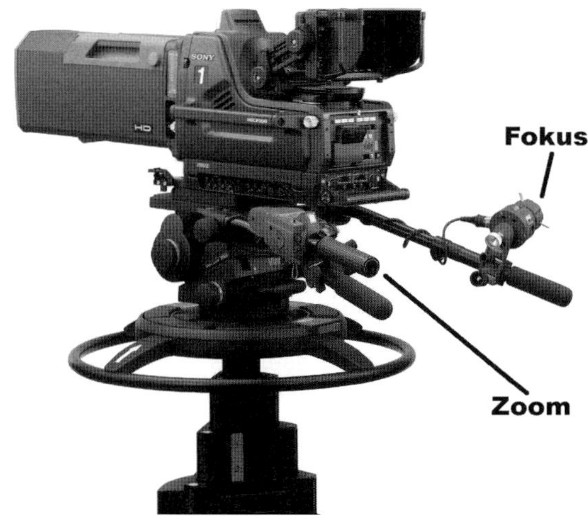

Bild 2.46: Sony HDC-2000 von hinten (Photo: Sony)

– Anbindung an CCU mittels einer einzelnen Leitung, die auch Strom, Monitorsignal, InterCom und Tally führt.

In Bild 2.46 sind die Bedienelemente für Zoom und Fokus deutlich zu erkennen. Die Zoom-Spinne mit ihrem großen Radius ermöglicht eine sehr präzise Festlegung der Schärfeebene, die herausstehenden Stäbchen erlauben das unterbrechungsfreie, gleichmäßige Drehen über einen weiten Bereich, indem man mit einem Finger an einem der Stäbchen das Zoomrad „umdreht". Ein solches Vorgehen erlaubt Zoom-Fahrten über einen weiten Bereich.

2.5.4 Die EB-Kamera

EB steht für elektronische Berichterstattung. Es handelt sich hier um Kameras für den Außeneinsatz: Eine Demonstration abfilmen, einen Politiker-O-Ton einfangen, also klassisches Zuliefergeschäft für die Berichterstattung.

Die Hauptunterschiede von EB- zu Studio-Kameras liegen darin, dass EB-Kameras eine eigene Aufzeichnungseinheit (Bandlaufwerk, XDCAM-Scheiben, Speicherkarten) haben und mittels eines Akkus mit Strom versorgt werden.

EB-Kameras sind daraufhin ausgelegt, vom Kameramann auf der rechten Schulter getragen zu werden. Die rechte Hand führt die Kamera an der Zoom-Wippe des Objektivs. Dies ist auch das einzig relevante Bedienelement, das auf der rechten

Bild 2.47: Rechte Seite einer EB-Kamera (Sony HDW 650), Photo: Sony

Seite zu finden ist. Alle anderen Bedienelemente wären hier fehl am Platz, da beim Einsatz auf der Schulter weder eine Hand auf dieser Seite frei ist, noch der Kameramann auf diese Seite schauen kann. Dafür findet man auf der rechten Seite etliche Buchsen, weil von dieser Seite aus die Leitungen weggeführt werden können.

Vorne rechts ist auch ein Mikrofon zu finden, das dafür geeignet ist, Umgebungsgeräusche einzufangen. Für Interviews, O-Töne und Ähnliches verwendet man jedoch besser ein Mikrofon, das näher am Ort des Geschehens ist. Bei Interviews nimmt der Interviewer meist das Mikrofon in die Hand und hält es während der Antworten dem Interviewten hin, bei O-Tönen hält der Tonassistent das Mikrofon mit der Tonangel zum Sprecher, bei Pressekonferenzen wird ein Mikrofon beim Redner aufgestellt (oder der Veranstalter setzt einen sogenannten Pressesplitter ein, an dem man das Signal abgreifen kann).

Alle relevanten Bedienelemente sind auf der linken Kameraseite angebracht und werden mit der linken Hand bedient. Die Hersteller geben sich Mühe, alle wichtigen Bedienelemente so zu gestalten, dass sie „blind" bedient werden können, also ohne die Kamera vom Auge zu nehmen. Aus diesem Grund werden für die einzelnen Funktionen gerne unterschiedliche Bedienelemente (Kippschalter, Taster, Drehschalter, Schiebeschalter etc.) verwendet, damit man beim Ertasten schon bei der Form des Bedienelementes auf dessen Funktion schließen kann.

Bild 2.48: Linke Seite einer EB-Kamera (JVC HM 750), Photo: JVC

Werden eine Reihe gleichartiger Bedienelemente nebeneinander angeordnet, so werden diese anderweitig unterscheidbar gemacht: Bei den Kippschaltern in Bild 2.49 fällt auf, dass der Schalter *Output* mittels einer Erhöhung zwar einerseits eindeutig gekennzeichnet, auf der anderen Seite aber auch schwerer zu bedienen ist. Eine versehentliche Umschaltung auf Farbbalken während einer laufenden Aufnahme sollte vermieden werden.

In dieser Kippschalterreihe finden sich traditionell auch der Bereitschaftsschalter für das Bandlaufwerk (der zusammen mit den Bandlaufwerken an Bedeutung verlieren wird), der Gain-Schalter (mit Low, Mid und High, wobei konfigurierbar ist, welche Verstärkung den einzelnen Schalterstellungen zugeordnet ist) und der

Bild 2.49: Kippschalter auf der linken Kameraseite (Sony HDW 650, Photo: Sony)

Pre-Set-Schalter für den Weißabgleich (traditionell mit zwei Speicherplätzen sowie einer Schalterstellung für fest 3 200 K Studio-Halogenbeleuchtung).

Im hinteren Teil der EB-Kamera befindet sich der Akku, wobei hier meist die Systeme unterschiedlicher Hersteller adaptierbar sind. Zudem finden sich hier meist die XLR-Buchsen für die Mikrofoneingänge und die Stromversorgung.

EB-Kameras sind mit einem Kamerasucher und die neueren Modelle meist auch noch mit einem LCD-Display zur Farbwiedergabe ausgestattet. Auf dem Kamerasucher findet man dann wieder die Tally-Anzeige, die immer dann leuchtet, wenn die Kamera aufzeichnet.

2.5.5 Die Reportage-Kamera

Reportage-Kameras sind kleine, meist von einem Consumer-Produkt abgeleitete Kameras, die ein Reporter schnell in den Rucksack packen kann. Im Gegensatz zur EB-Kamera handelt es sich hier nicht um ein Produkt für ein Aufnahmeteam (Journalist, Kameramann, Tonmann), sondern um ein Produkt für „Einzelkämpfer".

Reportage-Kameras sind in der Regel Consumer-Kameras, deren Ton-Sektion „professionalisiert" wurde. Statt Mini-Klinke gibt es XLR. Die für Kondensatormikrofone benötigte 48V-Phantomspeisung lässt sich zuschalten und der Ton kann manuell ausgesteuert werden.

Daneben bietet der Hersteller meist auch noch ein paar Features im Bild-Bereich. Beim Beispiel in Bild 2.50 gibt es eine BNC-Buchse, über die ein Full-HD-Signal in 10 Bit und 4:2:2 Farbunterabtastung ausgegeben wird. Daneben sind auch noch einige Netzwerkfunktionen vorhanden.

Bild 2.50: Reportage-Kamera Sony PXW-Z90

2.5.6 Consumer-Kameras

Seit dem Aufkommen der DV-Kameras werden Consumer-Geräte zunehmend auch im Profi-Bereich ernst genommen. Die Sony DV-1000 war die erste Consumer-Kamera, deren Ergebnisse als „sendefähig" galten.

Einer Verwendung von Consumer-Kameras im Profi-Bereich stehen nicht mehr die Bildqualität, sondern Einstellmöglichkeiten, Handhabung und Anschlussmöglichkeiten entgegen. In dem Maße, in dem Bildmischer und Switcher (wie z. B. der Blackmagic ATEM) auch HDMI-Signale akzeptieren, muss es nicht mehr SDI sein, zumal man aus etlichen Consumer-Kameras auch Composite oder Y/C heraus bekommt. Wenn der Ton von der Kamera unabhängig erstellt wird, sollte man Consumer-Kameras zumindest in die Überlegungen mit einbeziehen.

Der Markt an Consumer-Kameras ist deutlich unübersichtlicher als der der Profi-Liga und alle haben ihre spezifischen Vor- und Nachteile. Die folgenden Ausführungen enthalten zwangsläufig ein erhebliches Maß an Verallgemeinerungen:

- Consumer-Kameras können im Zweifelsfall alles automatisch, bis auf die Wahl des Bildausschnitts, bewegen. Zoomen muss man noch selbst, der Rest geht von alleine. Solange eine Automatik so funktioniert, wie sie soll, ist sie auch für den Profi eine wertvolle Hilfe – in etlichen Fällen führt eine Automatik allerdings nicht zu den gewünschten Ergebnissen. Dann ist es sehr hilfreich, wenn sie sich abschalten lässt. Zum Thema Autofokus wurde bereits in 2.1.3 einiges gesagt, aber auch bei der Belichtung und der Aussteuerung des Tons kann die Automatik kräftig daneben liegen.

  Bei manchen Kameras lassen sich die Automatikfunktionen gar nicht oder nur teilweise abschalten. Lässt sich etwas manuell regeln, dann ist man häufig auf mehrfach belegte Bedienelemente angewiesen, die sich zudem auch nicht immer so bedienen lassen, dass man dabei nicht verwackelt.

- Consumer-Kameras werden häufig handgehalten eingesetzt, und wenn die Bilder – besonders im Telebereich – nicht erheblich verwackelt sein sollen, dann bedarf es entweder eines Stativs oder eines Bildstabilisierungssystems. Bildstabilisierungssysteme für Videokameras gibt es seit gut zehn Jahren. Sie arbeiten entweder optisch (es werden dazu einzelne Linsen bewegt) oder elektronisch (es wird dafür der Bildausschnitt verschoben). Bildstabilisierungssysteme vollbringen keine Wunder, machen aber häufig den Unterschied zwischen „nicht brauchbar" und „brauchbar".

  Eine vergleichsweise neue Entwicklung sind Bildstabilisierungssysteme, bei denen nicht einzelne Linsen, sondern das komplette Objektiv bewegt werden, siehe die in Bild 2.51 abgebildete Kamera. Damit wird noch einmal ein deutlicher Fortschritt gegenüber herkömmlichen Bildstabilisierungssystemen

Bild 2.51: Sony HDR-CX730

erreicht. Man erreicht allerdings nicht ganz das Niveau von SteadyCam-Systemen. Beim Einsatz der Kamera auf einem Stativ sollte man das System jedoch abschalten.

- Profi-Kameras erreichen ihre Bildqualität durch ein hochwertiges Objektiv, Consumer-Kameras verwenden dafür auch gerne elektronische Hilfen wie z. B. die Kantenaufsteilung. Wie diese funktioniert, zeigen die folgenden Abbildungen:

Grundlage für die Betrachtung ist ein Motiv mit einem erheblichen Kontrast – in Bild 2.52 wurde einfach nur aus dem Fenster heraus gefilmt, der Fensterrahmen ist demgegenüber erheblich dunkler.

Bild 2.52: Bild mit scharfem Kontrast

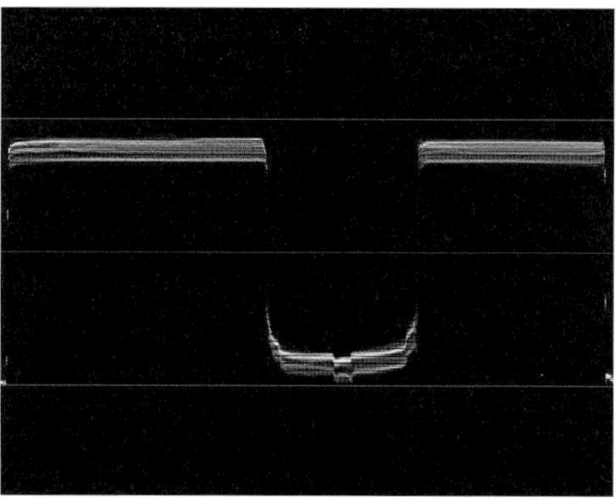

Bild 2.53: Aufnahme mit Profi-Kamera (JVC KY-35)

Bild 2.53 zeigt die Luminanz-Waveform-Ansicht dieser Szene, aufgenommen mit einer Profi-Kamera (JVC KY-35, 2/3”-3-Chip-CCD). Zu erkennen ist ein eher weicher Übergang von hell zu dunkel und wieder zurück.

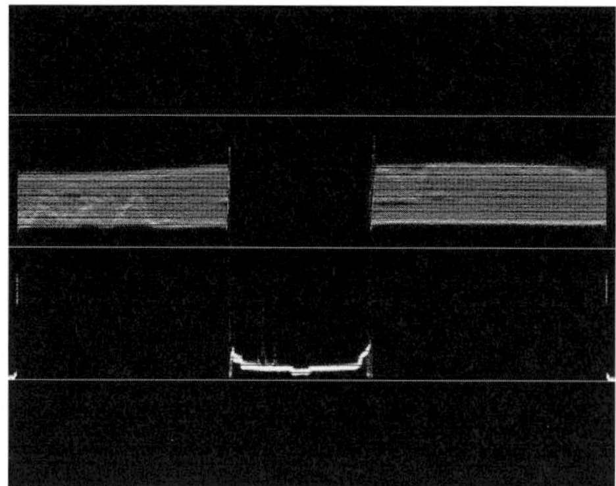

Bild 2.54: Aufnahme mit Consumer-Kamera (Sony)

Im Vergleich dazu zeigt Bild 2.54 das Luminanz-Waveform-Diagramm derselben Szene, aufgenommen mit einer Consumer-Kamera (Sony HDR-CX 730). Man kann deutlich erkennen, dass es sowohl oben im hellen Bereich am Übergang zum dunklen Bereich jeweils einen schmalen Peak nach oben gibt, als auch, dass es im dunklen Bereich an den Rändern zum hellen Bereich einen schmalen Peak nach unten gibt.

Elektronische Kantenaufsteilung ist nicht per se schlecht: Sie sorgt für ein scharfes Bild, ohne dass dafür großer Aufwand für die Optik betrieben werden müsste. Sie sorgt jedoch auch bei den Bildelementen für einen scharfen Bildeindruck, die man nicht im Bild haben möchte und die man mangels eines engen Schärfenbereiches auch nicht unscharf bekommt. Besonders unschön ist in solchen Situationen dann, dass sich die elektronische Kantenaufsteilung in der Regel nicht abschalten lässt.

- Consumer-Kameras haben kleinere Aufnahmechips und deutlich kleinere Frontlinsen. Folglich ist bei den Aufnahmen meist alles scharf. In manchen Fällen ist das durchaus von Vorteil und erleichtert auch dem Autofokus die Arbeit. (Für denselben Effekt bei Profi-Kameras: Blende schließen.)

  Möchte man jedoch Objekte im unscharfen Bereich verschwinden lassen, so hat man bei Consumer-Kameras meist „verloren“: Bild 2.55 zeigt das Bild einer Profi-Kamera mit 2/3”-Chips (Kamera (JVC KY-35, 2/3”-3Chip-CCD), Bild 2.56 stammt von einer Consumer-Kamera (Sony HDR-CX 730) bei gleichem Standort.
- Beim Vergleich dieser Bilder sollte man jedoch nicht vergessen, dass das Objektiv der KY-35 größer, schwerer und als Neugerät auch deutlich teurer als die komplette 730 ist.

  Damit wird ein klarer Vorteil von Consumer-Kameras deutlich: Sie sind klein, leicht und handlich, lassen sich überall mit hinnehmen und man kann sie halbwegs unauffällig einsetzen.

Bild 2.55: Bild einer Profi-Kamera mit geöffneter Blende

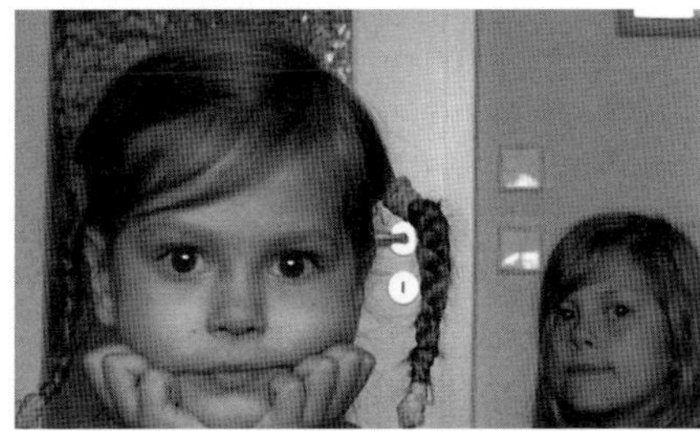

Bild 2.56: Bild einer Consumer-Kamera mit geöffneter Blende

Bild 2.57: Größenvergleich JVC KY-35 und Sony

2.5.7 Fotokameras

Ein Trend der letzten Jahre ist, dass digitale Fotokameras zunehmend mit Video-Funktionalität ausgestattet werden. Sie können dann nicht nur Video-Sequenzen auf Speicherkarten speichern (häufig in Formaten, die für die spätere Verarbeitung nicht besonders gut geeignet sind), sondern über eine Mini-HDMI-Buchse oft auch das Live-Video-Signal ausgeben.

Die Verwendung solcher Kameras ist dann interessant, wenn sie bereits vorhanden sind, oder wenn dadurch bereits vorhandene Objektive eingesetzt werden. Fotokameras verwenden üblicherweise größere oder zumindest gleich große Aufnahme-Chips wie Video-Kameras und haben eine höhere Auflösung. 4K sind bei halbwegs modernen Kameras überhaupt kein Problem. Die meisten hochwertigen Fotokameras können von der Bildqualität mit Videokameras mithalten.

Die Nachteile liegen primär im Handling: Fotokameras sind für die Aufnahme von Einzelbildern hin optimiert, Videos „aus der Hand" geht mit daraufhin optimierten Video-Kameras besser. Für den Einsatz von Fotokameras verwendet man besser ein Stativ.

Zu beachten ist auch, dass HDMI auf eine maximale Leitungslänge von 10 m hin ausgelegt ist (wobei mit qualitativ hochwertigen Leitungen auch schon mal 15 m, mit etwas Glück 20 m gehen). Bei größeren Längen sind Repeater zu verwenden, oder es wird gleich auf SDI gewandelt.

2.5.8 Robotic-Kameras / PTZ-Kameras

Robotic-Kameras sind komplett ferngesteuerte Kameras, die auch motorisch gedreht und geneigt werden können. Üblicherweise werden solche Kameras eher in der Sicherheitstechnik und der Gebäudeüberwachung eingesetzt. Es gibt aber auch Produkte wie die in Bild 2.58 gezeigte Sony BRC-H900P, die mit drei 1/2"-Bildwandlern eine Bildqualität auf dem Niveau von Studiokameras liefert.

Für solche Kameras ist auch der Begriff PTZ-Kamera gebräuchlich. PTZ steht hierbei für Pan, Tilt und Zoom, also für Schwenken, Neigen und Zoomen.

Die Gründe für den Einsatz solcher Kameras sind vielfältig:

- Personalersparnis: Häufig sind Kameras relativ fix auf ein bestimmtes Objekt oder eine bestimmte Person eingestellt. Man benötigt jedoch die Möglichkeit einzugreifen, wenn sich deren bzw. dessen Lage verändert, z. B. eine Person sich tief in den Studiosessel „lümmelt" oder dann auch wieder ganz aufrecht sitzen könnte. Gerade bei Diskussionsveranstaltungen kann eine Person in der Bildtechnik durchaus mehrere Kameras betreuen.
- Robotic-Kameras sind klein und unauffällig. Gerade dann, wenn Veranstaltungen nicht den Charakter einer Video-Produktion erhalten sollen, kann man mit ein paar ferngesteuerten Kameras unauffällig eine hochwertige Übertragung realisieren.

Bild 2.58: Sony BRC-H900P (Photo: Sony)

- An manchen Stellen ist der Einsatz von Kameraleuten schlicht zu gefährlich oder sie würden das Verhalten des Objektes – z. B. wilder Tiere – unerwünscht beeinflussen.

2.5.9 Die „kleine“ Studio-System-Kamera

In 2.5.3 wurde die große Studio-System-Kamera besprochen. Inzwischen ist es so, dass die Firma Blackmagicdesign Produkte auf den Markt gebracht hat, mit denen sich ein vollwertiger Kamerazug zu einem Bruchteil des früher üblichen Preises realisieren lässt.

Bild 2.59: Blackmagic Studio Camera 4K

Bild 2.59 zeigt die Blackmagic Studio Camera 4K, also eine Kamera mit UHD-Auflösung. Im Gegensatz zu vielen anderen Low-Budget-Lösungen ist hier ein großes 10”-Display als Sucher verbaut. Die Verbindung zum Bildmischer erfolgt mit einer 12G-SDI- oder einer Glasfaserleitung. Mit einer zweiten Leitung (BNC oder Glasfaser) erfolgt die Rückleitung vom Bildmischer zur Kamera. Über diese Leitungen werden nicht nur Bild-Signale übertragen, sondern auch Audio-, Intercom- und Steuersignale.

Die Blackmagic Studio Camera 4K ist nicht nur in den üblichen Parametern wie Iris, Shutter, Schwarzwert oder Farbabstimmung steuerbar, mit einem geeigneten

Objektiv lassen sich auch Zoom und Fokus über den Bildmischer steuern. Sie verfügt zudem über einen Micro-Four-Third-Anschluss, wodurch ein großes Sortiment an günstigen Consumer- und Profi-Objektiven verfügbar ist. Mit einem B4-Adapter können auch herkömmliche Video-Objektive angeschlossen werden. Darüber hinaus hat die Kamera mit einem 4/3"-Chip einen ausreichend großen Bildwandler, um Tiefenunschärfe nutzen zu können.

Bild 2.60: Blackmagic Micro Studio Camera 4K

Bisweilen steht man vor der Schwierigkeit, dass Kameras möglichst unauffällig sein sollen. Hier kann dann die Blackmagic Micro Studio Camera 4K verwendet werden, die in vielen Punkten (auch der Fernsteuerbarkeit) der Blackmagic Studio Camera 4K ebenbürtig ist, jedoch kein Display besitzt und damit viel kleiner und unauffälliger ist. Diese Kamera eignet sich besonders für Situationen, in denen die Kamera während der Veranstaltung nicht mehr von einer Person bedient wird. Hier ist es besonders hilfreich, zumindest noch Zoom und Fokus vom Bildmischer aus steuern zu können. (Mit entsprechenden Schwenkeinrichtungen könnte die Micro Studio Camera auch zur vollständigen PTZ-Kamera ausgebaut werden. Auch Pan und Tilt wären dann über die Bildmischer steuerbar.)

3 Andere Signalquellen

Neben Videokameras gibt es noch etliche andere Signalquellen.

3.1 Bandlaufwerke

Videorecorder sind Geräte, die Videosignale sowohl aufzeichnen als auch wiedergeben können. Man findet sie als Einheit mit Videokameras (und spricht dann von Camcordern) oder als eigenständige Geräte.

3.1.1 Die analoge Bandaufzeichnung

Die analoge Bandaufzeichnung spielt zunehmend eine geringere Rolle. Entsprechende Geräte werden vermehrt nur noch als Abspielgeräte zur Wiedergabe noch nicht digitalisierter historischer Aufnahmen eingesetzt.

Die analoge Bandaufzeichnung wurde zunächst für Audioaufzeichnungen genutzt. Dabei wird ein magnetisierbares Band (ein mit Metallpartikeln beschichtetes Kunststoffband) an Aufnahmeköpfen vorbeigeführt und dabei im Takt des aufzuzeichnenden Signals magnetisiert. Bei der Wiedergabe wird das magnetisierte Band an Wiedergabeköpfen vorbeigeführt, wo die schwankende Magnetisierung des Bandes eine entsprechende Wechselspannung induziert. Als Bandgeschwindigkeit wurde in der professionellen Studiotechnik 38 cm/s (15 inch per second) gewählt, damit kann ein Signal bis 20 kHz bei ausreichendem Rauschabstand (ohne zusätzliche Maßnahmen wie Dolby-Kompander-Systeme etwa 60 dB) und hinreichend geringem Klirrfaktor aufgezeichnet und wiedergegeben werden. Im Consumer-Bereich wurden Bandgeschwindigkeiten von 19 und 9,5 cm/s verwendet, bei Audiokassetten sogar nur 4,75 cm/s. Für die Aufzeichnung von Stereosignalen wurden einfach zwei Spuren nebeneinander auf demselben Band aufgezeichnet. Da die Spuren längs der Laufrichtung des Bandes angebracht waren, spricht man vom Längsspurverfahren.

Die Aufzeichnung von Videosignalen mit diesem Verfahren scheitert an der hohen Bandbreite des Videosignals. Das Compositesignal hat eine Bandbreite von 5 MHz, gegenüber dem Audiosignal von 20 kHz ist der Faktor 250 mehr. Während eine große Bandspule bei 38 cm/s etwa 45 min reicht, wären das bei der linear hochgerechneten Bandgeschwindigkeit von 95 m/s rund 10 Sekunden. Selbst dann, wenn bei der Qualität massive Abstriche gemacht würden, bliebe das Längsspurverfahren für die Videoaufzeichnung sowohl unwirtschaftlich als auch unpraktikabel.

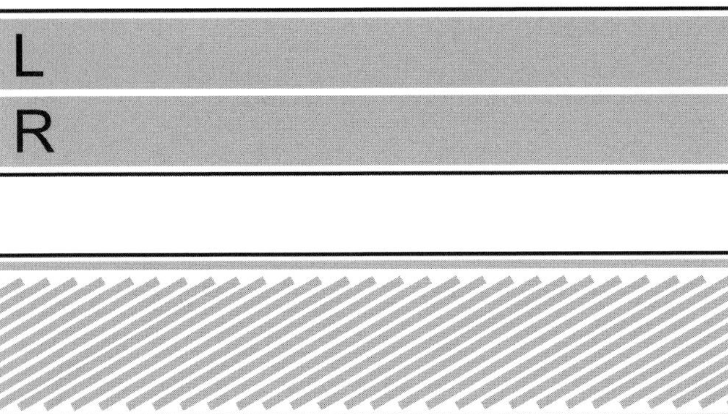

Bild 3.1: Längs- und Schrägspuraufzeichnung

Um diesem Nachteil zu entgehen, wurde das Schrägspurverfahren entwickelt: Eine rotierende Kopftrommel zeichnet auf das Band schräg nebeneinander viele schmale Spuren auf. Mit einer solchen rotierenden Kopftrommel erreicht man hohe Relativgeschwindigkeiten zwischen Aufnahmekopf und Band, auch wenn das Band selbst mit vergleichsweise geringer Geschwindigkeit bewegt wird. Häufig werden auf das Band zugleich noch eine oder mehrere Längsspuren aufgezeichnet, die für Ton- oder Timecodesignale genutzt werden können.

Tabelle 3.1 zeigt die Rahmendaten der gängigen Videoformate. Dabei gelten Betamax, VHS und Video 8 als Consumer-Verfahren, S-VHS und Hi 8 als semiprofessionelle Verfahren und Betacam SP als professionelles Verfahren.

Wie die Tabelle zeigt, liegt die Luminanzbandbreite bei den Consumer-Verfahren bei 3 MHz. Wie in 1.1.6 ausgeführt, liegt die Frequenz des Farbhilfsträgers bei 4,4 MHz. Ohne weitere Maßnahmen hätten somit keine Chrominanzinformationen übertragen werden können. Zudem ist beim Luminanzsignal das Verhältnis von höchster und geringster Frequenz extrem hoch und die Kennlinie von Magnetband alles andere als linear. Um für diese Probleme eine Lösung zu finden, wird das Luminanzsignal frequenzmoduliert, sodass die Informationen nicht mehr in der Amplitude, sondern in der Frequenz liegen. Modulationsfrequenz und Modulationshub werden so gewählt, dass am Anfang des Frequenzspektrums Platz für die Chrominanzinformationen bleibt.

Die starke Reduktion der Bandbreite des Luminanz-, insbesondere aber des Chrominanzsignals führt zu einem erheblichen Qualitätsverlust. Die Consumer-Verfahren lösen noch etwa 250 Linien pro Zeile auf, was zur damaligen Zeit für Endverbraucher als hinnehmbar galt.

Tabelle 3.1: Die gängigen analogen Videoformate

	Betamax	VHS	Video 8	Hi 8	S-VHS	SP
Magnetbandbreite in mm	12,7	12,7	8,0	8,0	12,7	12,7
Bandgeschwindigkeit in cm/s	1,9	2,3	2,0	2,0	2,3	10,2
Relativgeschwindigkeit in m/s	5,8	4,9	3,1	3,1	4,9	5,8
Videospurbreite in µm	33	49	27	27	49	86/73
Spurzwischenraum in µm	0	0	7	7	0	7/2
Luminanzbandbreite in MHz	3,0	3,0	3,0	4,0	4,0	5,5
Chrominanzbandbreite in MHz	0,7	0,6	1,0	1,0	1,0	2,0

Bei den verbesserten Consumer-Verfahren Hi 8 und S-VHS wurde durch verbessertes Bandmaterial und verbesserte Magnetköpfe die Luminanzbandbreite auf 4 MHz und die Chrominanzbandbreite auf 1 MHz erhöht. Im semiprofessionellen Bereich wurde die damit erzielbare Qualität bereits akzeptiert.

Betacam SP ist ein professionelles Kassettenformat und hat sich in der professionellen Studiotechnik etabliert. Es handelt sich hier um die Aufzeichnung eines Komponentensignals. Y, C_B und C_R werden also getrennt aufgezeichnet, wobei die Luminanz in einer Spur und die beiden Chrominanzsignale hintereinander in der danebenliegenden Spur aufgezeichnet werden. Die damit erreichbare Luminanzbandbreite von 5,5 MHz gilt als uneingeschränkt sendefähig, die Chrominanzbandbreite von 2 MHz als ausreichend für ChromaKey-Verfahren.

3.1.2 Die digitale Bandaufzeichnung für SD-Signale

Magnetbänder waren lange Zeit die einzigen Medien, mit denen man die in der Videotechnik anfallenden Datenmengen überhaupt bewältigen konnte. Folgerichtig wurden mit Einzug der Digitalisierung digitale Bandaufzeichnungssysteme entwickelt.

Tabelle 3.2: Digitale Bandaufzeichnung aus dem Profibereich

	D1	D2	D3	D5	Digital Betacam	Beta-cam SX	IMX (D10)
Magnetbandbreite in mm	19	19	12,7	12,7	12,7	12,7	12,7
Bandgeschwindigkeit in cm/s	28,7	13,2	8,4	16,7	9,7	5,96	5,37
Relativgeschwindig-keit in m/s	35,6	30,4	23,8	23,8	19		12,7
Videospurbreite in µm	40	35	18	18	24	32	
Spurzwischenraum in µm	5	0	0	0			
(Luminanz)band-breite in MHz	5,75	6,5	6,5	5,75/ 7,67	5,75	5,75	5,75
Chrominanzband-breite in MHz	2,75	keine	keine	2,75/ 3,6 7	2,75	2,75	2,75
Datenrate in MBit/s	227	152	152	303	126	18	52
Pegelauflösung in Bit	8	8	8	10	10	8	8
Datenkompression	keine	keine	keine	keine	DCT 2:1	MPEG 10:1	MPEG 3,3:1

Tabelle 3.2 zeigt eine Übersicht über die digitalen Bandformate, die ihren Ursprung im professionellen Segment hatten. Informationen zu DV und seinen Derivaten folgen weiter unten.

D1 bis D5 sind unkomprimierte Formate, die inzwischen nicht mehr allzu viel Bedeutung haben. D1 und D5 zeichnen dabei ein Komponentensignal auf, während D2 und D3 ein Composite-Signal verwenden – der Tabellenwert für die Bandbreite ist hier die Gesamtsignalbandbreite. Anfangs wurde das Signal noch mit einer Pegelauflösung von 8 Bit quantisiert, D5 verwendet schon 10 Bit.

Um die Produktionskosten zu senken, wurden dann mit DCT (das keine praktische Rolle mehr spielt) und Digital Betacam zwei Formate mit geringer Kompressionsrate und reiner Intraframekompression eingeführt. Mit einer Kompressionsrate

Bild 3.2: Videorecorder für Digital Betacam Sony DVW-2000 (Foto: Sony)

von 2:1 konnte die Datenrate näherungsweise halbiert werden, was bei Kassetten dann zur doppelten Spielzeit führt. Mit der geringen Kompressionsrate bleibt man so gut wie immer im Bereich der Redundanzreduktion (siehe 1.1.11), sodass der Unterschied zu einem unkomprimierten Signal selbst nach mehreren Bearbeitungsgenerationen nicht sichtbar ist. Für SD-Signale gilt Digital Betacam als Studiostandard.

Bild 3.2 zeigt einen Videorecorder für Digital Betacam. Wie es sich für ein Profigerät gehört, sind die „kritischen" Bedienelemente (Power, Eject, Rec etc.) versenkt, um die Gefahr einer ungewollten Bedienung gering zu halten. Das Stellrad auf der rechten Seite (Jog/Shuttle) dient dazu, das Band schnell und präzise an die benötigte Stelle zu bringen.

Digital Betacam ist nicht zu verwechseln mit Betacam SX, das mit interframe-komprimiertem MPEG und einem Kompressionsfaktor von 10:1 arbeitet. Das Signal weist damit noch eine leicht bessere Signalqualität als das analoge Betacam SP auf (und unterliegt zusätzlich auch nicht der Problematik der analogen Kopierverluste). Durch die 4:2:2-Abtastung eignet es sich zudem besser für Verfahren wie Chromakey als die 4:2:0- oder 4:1:1-Abtastung aus dem DV-Bereich. Das primäre Problem bei diesem Format ist die Interframe-Codierung, was beim Maschinenschnitt die Rekonstruktion des Bildes erschwert. Auf der anderen Seite ist Betacam SX dank breiter Spuren und aufwändigem Fehlerschutz ein recht robustes Format.

Um das Problem mit der Interframe-Codierung zu vermeiden, entwickelte Sony dann das IMX-Format. Auch dieses ist ein MPEG-Format, allerdings rein intraframecodiert, sodass beim Maschinenschnitt keine Probleme auftreten. Die Kompressionsrate liegt hier nur bei 3,3:1, die Datenrate bei etwa 50 MBit/s. IMX gibt es nicht nur als Bandformat, sondern auch als Dateiformat, z. B. bei XDCAM.

Tabelle 3.3: Digitale Bandaufzeichnung mit DV-Codec

	DV	DVCam	DVCPro	DVCPro50	D9
Magnetbandbreite in mm	6,3	6,3	6,3	6,3	12,7
Bandgeschwindigkeit in cm/s	1,88	2,82	3,38	6,76	5,77
Relativgeschwindigkeit in m/s	10,2	10,2	10,2	10,2	14,5
Videospurbreite in µm	10	15	18	18	20
Luminanzbandbreite in MHz	5,75	5,75	5,75	5,75	5,75
Chrominanzbandbreite in MHz	2,75	2,75	2,75	1,37	2,75
Gesamtdatenrate in MBit/s	42	42	42	84	99
Pegelauflösung in Bit	8	8	8	8	8
Datenkompression	5:1	5:1	5:1	3,3:1	3,3:1

Neben der „professionellen" Entwicklungsschiene gibt es auch das für den Consumer-Bereich entwickelte DV-Format, das qualitativ so hochwertig war, dass es auch im professionellen Umfeld eingesetzt wurde, sodass einige Hersteller davon Derivate für den professionellen Bereich ableiteten.

Tabelle 3.3 zeigt die verschiedenen DV-Formate, wobei D9 (Digital S) etwas aus dem Rahmen fällt, weil hier auf Kassetten aufgezeichnet wird, die mechanisch dem (S-)VHS-Format entsprechen. DV arbeitet mit einer Videobandbreite von 25 MBit/s und einer Gesamtbandbreite von 42 MBit/s. Bei PAL wird das Farbsignal 4:2:0 abgetastet, bei NTSC mit 4:1:1, in beiden Fällen mit 8 Bit. Die Datenkompression liegt bei 5:1. Neben den normalen DV-Kassetten mit einer Spieldauer von 180 min gibt es die vor allem bei Consumer-Camcordern weit verbreiteten miniDV-Kassetten mit einer Spieldauer von 60 min (im LongPlay-Modus bis 90 min). DV zeichnet zwei Audiokanäle mit 48 kHz und 16 Bit auf, alternativ vier Audiokanäle mit 32 kHz und 12 Bit.

Aus dem DV-Format leitete dann Sony zunächst das DVCam-Format ab. Hier wurde die Spurbreite von 10 auf 15 µm erhöht, was das Format „robuster", also weniger anfälliger für Drop-Outs macht. Entsprechend steigt die Bandgeschwindigkeit, und somit sinkt die Spieldauer einer miniDV-Kassette von 60 auf 40 min.

Panasonic leitete von DV dann das Format DVCPro ab, das die Spurbreite auf 18 µm vergrößerte und auch bei PAL das Abtastformat 4:1:1 verwendete. Für höhere Qualität wurde dann das Format DVCPro50 hinzugefügt, das gegenüber DVCPro die Bandgeschwindigkeit und die Datenrate verdoppelte. Hier wird nun das Abtastformat 4:2:2 eingesetzt und die Zahl der Audiokanäle auf vier erhöht, sodass sich die Kompressionsrate nicht halbiert, sondern „nur“ auf 3,3:1 sinkt.

Das Format D9 wurde von JVC eingeführt und entsprechende Geräte unter dem Label Digital S vermarktet. Qualitativ liegt man auf dem Level von DVCPro50. Auch hier beträgt das Abtastformat 4:2:2 und die Kompressionsrate 3,3:1. Wie bereits erwähnt, lehnt sich hier das Kassettenformat jedoch an (S-)VHS an.

3.1.3 Die digitale Bandaufzeichnung für HD-Signale

Etwa parallel zur Einführung der HD-Formate wurden alternative Aufzeichnungsmedien so leistungsstark, dass sie als Alternativen infrage kamen.

Tabelle 3.4 zeigt die verschiedenen gebräuchlichen Formate auf. HDV ist dabei ein Consumer-Format, das mit der Maßgabe entwickelt wurde, DV-Laufwerke weiterverwenden zu können, also mit einer Videodatenrate von 25 MBit/s zu arbeiten. Die höhere Auflösung wird dadurch „untergebracht“, sodass nicht mehr mit dem intraframe-codierenden DV-Codec, sondern mit dem interframe-codierenden MPEG-Codec gearbeitet wird, wodurch eine deutlich höhere Kompressionsrate erreicht werden kann.

Tabelle 3.4: Digitale Bandaufzeichnung im HD-Format

	HDV	D6	D5-HD	HDCam	HDCam SR	DVCPro HD
Datenrate in MBit/s	25	1 200	303	183	440/880	100
Zeilen/ Abtastung	720p/ 1 080i	1 080p	1 080p	1 080p	1 080p	720p/ 1 080i
Pegelauflösung in Bit	8	8	10	8	10	8
Abtastformat	4:2:0	4:2:2	4:2:2	3:1:1	4:2:2/4:4:4	4:2:2
Datenreduktion	18:1	keine	5:1	7:1	4,2:1/2,1:1	12:1

Das entgegengesetzte Extrem ist das Format D6, das 1 080p mit 4:2:2 abgetastet unkomprimiert aufzeichnet. Die Datenrate ist mit 1 200 MBit/s entsprechend hoch, obwohl nur mit 8 Bit gearbeitet wird. D5-HD arbeitet mit 10 Bit, aber einer leichten Kompression.

Im professionellen Bereich hat das Format HDCam erhebliche Verbreitung gefunden. Bei der Bandaufzeichnung wird hier mit 3:1:1 (die Zeile umfasst somit nur 1 440 Abtastpunkte, es bleibt jedoch beim 16:9-Bildformat) und einer Kompression von 7:1 gearbeitet. Die Datenrate liegt demnach bei 183 MBit/s. HDCam ist mechanisch zum Betacam-System kompatibel. Für höhere Qualität gibt es das Format HDCam SR („superior"), das mit 4:2:2 oder gar 4:4:4 und 10 Bit sowie geringeren Kompressionsraten arbeitet. Die Datenraten liegen entsprechend dann bei 440 bzw. 880 MBit/s.

DVCProHD ist der Nachfolger von DVCPro50. Die Datenrate wurde von 50 auf 100 MBit/s erhöht, sodass die Kompressionsrate selbst bei 1 080i auf erträglichen 12:1 bleiben kann. DVCProHD wird auch zur Aufzeichnung auf Speicherkarten verwendet.

3.2 Optische Laufwerke

Laserabgetastete Scheiben haben sich weniger als Aufzeichnungs- denn als Verbreitungsmedium durchgesetzt. Entsprechende Wiedergabesysteme werden insbesondere dann benötigt, wenn vorproduziertes Material eingespielt werden soll.

3.2.1 CD

Die Compact Disc (CD) wurde 1981 zunächst als reines Audio-Tonträgersystem vorgestellt. Dank überlegener Audioqualität und geringem Verschleiß hat die CD schnell die Schallplatte als Vertriebsmedium für Musik abgelöst. Die CD wird berührungslos mit einem Laser ausgelesen.

Die klassische Audio-CD nach dem sogenannten red book hat eine Spielzeit von 74 Minuten, das Audiosignal ist unkomprimiert stereo mit 44,1 kHz und 16 Bit aufgezeichnet. Die Lesegeschwindigkeit beträgt 176 kB/s.

Mit dem Siegeszug der Audio-CD wurden diverse Derivate der Compact Disc entwickelt. Die Verwendung als Daten-CD nach dem sogenannten yellow book ermöglicht eine Aufzeichnung von bis zu 650 MByte auf eine Standard-CD. Es sind inzwischen jedoch CDs mit bis zu 900 MByte auf dem Markt. Die Lesegeschwindigkeit wird in der Regel als Vielfaches von 150 kB/s angegeben, derzeit sind Lesegeschwindigkeiten von bis zu 72× (entsprechend 10 800 kB/s) gebräuchlich.

Beschreibbare CDs (CD-R) und wiederbeschreibbare CDs (CD-RW) folgen dem sogenannten orange book.

Die Video-CD (VCD) nach dem sogenannten white book ist der Versuch, Videodaten auf einer CD unterzubringen, die Datenrate aber bei der Datenrate einer Audio-CD zu belassen. Die Nutzdatenrate einer Audio-CD beträgt 1.411.200 bit/s (2 Kanäle × 16 Bit × 44,1 kHz/s). Dazu wurden die Audiodaten im MP2-Format gespeichert, was deren Datenrate auf 224.000 bit/s reduziert. Für die Aufzeichnung der

Videodaten wurde die PAL-Auflösung auf 352 × 288 Bildpunkte mit 25 Bildern pro Sekunde reduziert und mit dem MPEG-1-Codec komprimiert.

Die Qualität der Video-CD ist in etwa mit dem analogen VHS-Video vergleichbar. Statt des für analoge Bandaufzeichnung üblichen Bild- und Farbrauschens sind hier Kompressionsartefakte zu beobachten. Die Video-CD hat in Europa nie größere Verbreitung gefunden und wurde dann schnell von der DVD verdrängt.

3.2.2 DVD

Da die CD eine zu geringe Kapazität und eine zu geringe Datenrate für eine qualitativ hochwertige Videoaufzeichnung hat, wurde Mitte der neunziger Jahre die DVD eingeführt. Auf Druck der Filmindustrie – die nicht wie bei Videokassettensystemen mehrere Standards unterstützen wollte – einigten sich die beteiligten Herstellerfirmen am 15. September 1995 auf einen gemeinsamen Standard. DVD steht nach üblicher Lesart für digital versatile disc (digitale vielseitige Scheibe).

Grundsätzlich sind drei Verwendungen der DVD vorgesehen:

- DVD-Video zur Speicherung von Video- und den dazugehörenden Audiodaten (sowie Untertiteln und Menüdefinitionen).
- DVD-Audio für die Speicherung hochqualitativer Audiodaten (über das Qualitätsniveau der CD hinausgehend, bis 24 Bit und 192 kHz).
- DVD-ROM zur Speicherung von allgemeinen Daten (Software, Texte, aber auch Audio und Video).

Während bei den reinen Wiedergabemedien aufgrund des Drucks der Filmindustrie ein einheitliches Format eingeführt wurde, gibt es bei den beschreibbaren bzw. wiederbeschreibbaren Medien unterschiedliche Systeme:

- Vom DVD-Forum wurde zunächst die DVD-R eingeführt, davon abgeleitet als wiederbeschreibbares Medium die DVD-RW. Hier wurde mittels eines nicht beschreibbaren Rings an der Stelle, an der die Kopierschutzinformationen lagen, dafür gesorgt, dass keine 1:1-Kopien von gepressten DVDs erstellbar sind. Zudem waren vergleichsweise hohe Lizenzgebühren an das DVD-Forum zu entrichten.
- Die Marktakzeptanz dieses beschränkten und teuren Formats war überschaubar, deshalb gründeten einige Hersteller die DVD+RW Alliance, welche die Formate DVD+R und DVD+RW einführte, die nicht dieser künstlichen Beschränkung unterlagen.
- DVD-RAM als ursprüngliches wiederbeschreibbares Format mit einem Defektmanagement ähnlich einer Computerfestplatte.

Nicht nur im Bereich der beschreibbaren DVDs zeigt sich der Einfluss der Filmindustrie, sondern auch bei den Regionalcodes: Da Filme zu unterschiedlichen Zeiten in den einzelnen Ländern in die Kinos kommen, befürchtete die Filmindustrie das Wegbrechen der Kinoeinnahmen, wenn in anderen Ländern der betreffende Film bereits auf DVD erhältlich ist. Die Regionalcodes sollen sicherstellen, dass eine DVD nur in der vorgesehenen Region abspielbar ist.

Tabelle 3.5: Regionalcodes für DVD

1	USA, Kanada und US-Außenterritorien
2	West- und Mitteleuropa, Grönland, Südafrika, Ägypten und Naher Osten, Japan
3	Südostasien, Südkorea, Hongkong, Indonesien, Philippinen, Taiwan
4	Australien, Neuseeland, Mexiko, Zentralamerika, Südamerika
5	Osteuropa und andere Länder der ehemaligen UdSSR, Indien, Afrika
6	Volksrepublik China
7	Reserviert für zukünftige Nutzung
8	Internationales Territorium, zum Beispiel in Flugzeugen oder auf Schiffen

Die DVD hat eine Kapazität von 4,7 GB als Single Layer (das ist etwa das Siebenfache einer CD) und 8,5 GB als Dual Layer. Die Standarddatenrate beträgt 1,385 MByte/s bzw. 11,08 MBit/s und damit in etwa einem CD-Laufwerk mit dem Geschwindigkeitsfaktor 9×. Entsprechend besser kann die Bildqualität bei Video sein.

Der DVD-Standard unterstützt die Kompressionsverfahren MPEG-1 und MPEG2, wobei MPEG-1 in der Praxis nahezu keine Rolle spielt. Es wird PAL und NTSC verwendet, wobei bei voller Auflösung eine Horizontalauflösung von 720 als auch von 704 Pixeln vorliegen kann (die Vertikalauflösung dann einheitlich 576 bei PAL und 480 bei NTSC). Dabei ergibt eine Horizontalauflösung von 704 × 576 ein Seitenverhältnis von exakt 4:3, obwohl das Auflösungsverhältnis 11:9 beträgt – die Pixel sind also nicht quadratisch. 16:9-Bildformate werden anamorph gespeichert.

Die Videodaten können mit verschiedenen Tonspuren ausgeliefert werden, sodass mehrere sprachsynchronisierte Fassungen auf derselben DVD vorliegen können. Ebenso sind verschiedene Untertiteldateien möglich. Die verwendete Tonspur und die Untertitel (und ob überhaupt solche angezeigt werden sollen) lassen sich über das Menü einstellen.

Eine Video-DVD wird üblicherweise mit einem aufwändig gestalteten Menü ausgeliefert, von dem aus verschiedene Einstellungen vorgenommen werden können und mit dem z. B. auch direkt in den sogenannten Bonusteil gesprungen werden kann.

DVD in der Live-Videopraxis

In der Live-Videopraxis kommt die DVD als Trägersystem für Videoeinspielungen vor. Dabei gibt es leider eine ganze Reihe von Dingen, die schief gehen können, wenn extern vorproduziertes Videomaterial mittels DVD angeliefert wird:

- Wie auch z. B. bei Bandsystemen kann das Material im PAL- oder im NTSC-Format vorliegen.
- Das Videomaterial kann als Video-DVD angeliefert werden, aber auch als Videodatei auf einer Daten-DVD. Gerade dann, wenn der zuständige Hersteller erst kurz vor Verwendung mit dem Schnitt fertig wird, spielt man gerne schnell die entstandene Datei auf eine Daten-DVD.
- Bei einer Daten-DVD sind ganz andere Formate als PAL und NTSC möglich, insbesondere auch hochauflösende Formate.
- Bei Video-DVDs kann ein falscher Regionalcode verwendet werden – gerade bei Industriemessen-Ausstellern aus anderen Kontinenten kommt das vor.
- Nicht alle DVD-Player unterstützen überhaupt oder gleichermaßen DVD-R, DVD+R, DVD-RW und DVD+RW.

Extern produziertes Videomaterial auf DVD sollte demnach möglichst frühzeitig angeliefert werden, sodass man bequem noch ein paar verschiedene Wiedergabegeräte ausprobieren kann.

Soll das Video punktgenau gestartet werden, dann muss die DVD rechtzeitig gestartet werden, damit die ganzen Menüeinstellungen fertig sind, bevor die Wiedergabe startet. Die Wiedergabe unterbricht man mit dem Pausenmodus (Abspielgeräte, welche den Pausenmodus nach einer gewissen Zeit beenden, sind für die Live-Videotechnik ungeeignet).

Insgesamt ist es keine schlechte Idee, eine DVD vorab auf einen Medienserver zu überspielen.

3.2.3 Blu-ray Disc

Die Blu-ray Disc (BD) hat ihren Namen von dem dort verwendeten blauen Laserstrahl (blue ray), der Verzicht auf den Buchstaben e macht aus einer allgemeinen Bezeichnung eine eintragungsfähige Marke. Durch die Verwendung eines Lasers mit kürzerer Wellenlänge lassen sich mehr Pixel auf die Scheibe pressen, sodass eine höhere Kapazität möglich ist.

Die Blu-ray Disc gibt es als rein lesbare Scheibe BD-ROM, als einmal beschreibbare BD-R und als mehrmals beschreibbare BD-RE. Die Kapazität liegt bei 25 Mbyte (Single Layer, also einlagig) beziehungsweise 50 Mbyte (Dual Layer). Die Gesamtdatenrate liegt bei 53,95 MBit/s, davon sind 40,00 MBit/s für Video und 13,95 MBit/s für Audio vorgesehen.

Mit dieser Datenrate sind dann auch HD-Auflösungen möglich, und zwar bis 1 920 × 1 024 bei 60i und 1 920 × 1 024 bei 24p. Spezifiziert sind auch die Auflösungen 1 440 × 1 080, 1 280 × 720 sowie PAL und NTSC. Als Videocodecs sind H.264/MPEG-4 AVC, VC-1 (WMV3) und MPEG-2 spezifiziert, wobei H.264/MPEG-4 AVC die größte Verbreitung gefunden hat.

Tabelle 3.6 Regionalcodes bei Blu-ray Disc

A/1	Nord- und Südamerika (außer französische Überseegebiete), Japan, Korea, Taiwan, Hongkong und Südostasien
B/2	Europa (einschließlich Grönland und französische Überseegebiete, ohne den europäischen Teil Russlands), Naher Osten, Afrika, Ozeanien, Australien
C/3	Indien, Nepal, China, Russland, Zentral- und Südasien

Die Zahl der Regionalcodes ist auf drei reduziert worden, was entsprechende Probleme zwar nicht beseitigt, aber zumindest verringert. Auch gibt es bei den beschreibbaren Blu-ray Discs keine unterschiedlichen Formate.

Bild 3.3: Kombinierter BD- und HD-Recorder JVC SR-HD1 250 (Foto: JVC)

Abbildung 3.3 zeigt einen kombinierten Blu-ray Disc- und Festplattenrecorder. Hier besteht die Möglichkeit, Videomaterial zunächst einmal auf Festplatte aufzuzeichnen und anschließend daraus eine Blu-ray Disc zu erstellen. Zusätzlich zur Festplatte lassen sich auch SD-Karten verwenden.

3.2.4 XDCAM

XDCAM ist ein von der Blu-ray Disc abgeleitetes professionelles Format, bei dem die Scheibe in einem sogenannten Caddy, also einer Schutzhülle verbleibt, wodurch sie mechanisch besser geschützt ist.

Ein solcher Schutz war auch bei den Consumer-Medien zunächst angedacht, da die Datenschicht unter einer sehr dünnen Schutzschicht liegt. Nachdem man jedoch diese Schutzschicht verbessern konnte, hielt man eine zusätzliche Schutzhülle im Consumer-Bereich für entbehrlich. Dabei ist jedoch zu berücksichtigen, dass der Schaden bei einer fehlerhaften Consumer-BD gering ist, während im professionellen Bereich häufig nicht wiederholbare Ereignisse aufgezeichnet werden.

XDCAM verwendet die folgenden Formate:

- XDCAM mit dem SD-Codec zeichnet im DVCAM-Format mit 8 Bit und 4:2:0 (PAL, bei NTSC 4:1:1) intraframe-codiert auf. Die Videodatenrate liegt wie bei DV bei 25 MBit/s. Es werden maximal vier Audiospuren mit PCM 16 Bit und 48 kHz aufgezeichnet.
- Mit dem SD-Codec im IMX-Format erfolgt die Aufzeichnung mit 4:2:2, interframe-codiert MPEG-IMX und einer Datenrate von 30 bis 50 MBit/s. Es werden bis zu acht Audiospuren mit PCM 20 Bit und 48 kHz aufgezeichnet.
- XDCAM HD zeichnet 1 440 × 1 080 Pixel mit 8 Bit und 4:2:0 auf, die Daten werden mit MPEG-2 komprimiert. Die Datenrate liegt zwischen 18 und 35 MBit/s. Es werden maximal vier Audiospuren mit PCM 16 Bit und 48 kHz aufgezeichnet.
- XDCAM HD 422 zeichnet 1 080i oder 720p mit 8 Bit und 4:2:2 auf, die Daten werden mit MPEG-2 komprimiert. Die Datenrate liegt bei 50 MBit/s. Es werden maximal acht Audiospuren mit PCM oder AES-3 24 Bit und 48 kHz aufgezeichnet.

Bild 3.4: XDCAM HD-Recorder Sony PDW-F1600 (Foto: Sony)

Als Einspielformat ist XDCAM recht wenig verbreitet. Mehrere Tonspuren werden bei Liveeinspielungen üblicherweise nicht gebraucht, und Blu-ray Disc verwendet die leistungsfähigeren Codecs. Wo man die Sicherheit gegen beschädigte Datenträger braucht, arbeitet man bei BD einfach mit mehreren Kopien.

Abbildung 3.4 zeigt ein Studiogerät für XDCAM. Wie schon in Abbildung 3.2 sieht man auch hier den Schutz gegen versehentliche Bedienung der „kritischen" Bedienelemente.

3.3 Laufwerke mit anderen Speichermedien

Im Zuge der Digitalisierung kommen zunehmend Laufwerke mit Speichermedien aus der PC-Technik zum Einsatz.

- Festplatten zeichnen sich durch eine sehr hohe Kapazität zu einem recht günstigen Preis aus. Bezüglich Datenrate und Zugriffszeit sind sie optischen Laufwerken und erst recht Bandlaufwerken klar überlegen. Festplatten sind allerdings nicht völlig unempfindlich gegen Erschütterungen und können dadurch beschädigt werden.
- Festplatten werden in der PC-Technik zunehmend von Festkörperspeichern (solid state disc, SSD) abgelöst, welche zwar noch nicht ganz die hohe Kapazität von Festplatten erreichen und auch noch deutlich teurer sind, aber höhere Übertragungsraten und deutlich geringere Zugriffszeiten aufweisen. Zudem sind SSDs komplett unempfindlich gegen Erschütterungen und laufen absolut geräuschfrei.
- Die „kleine Schwester" der SSD ist die SD-Karte (secure digital memory card), die primär in Consumer-Foto- und -Videokameras zum Einsatz kommt. Technisch gesehen handelt es sich dabei wie bei der SSD um Flashspeicher. Die SD-Karten sind nur für 1 GByte und 2 GByte spezifiziert. Es gibt Modelle mit höherer Kapazität, diese laufen jedoch nicht in allen Geräten. Nachfolger ist die SDHC (secure digital high capacity) und die SDXC (secure digital extended capacity). Diese Karten lassen sich nicht auf alten, aber auf neuen Geräten verwenden.
- Im professionellen Bereich gibt es noch andere Kartenformate, z. B. das Panasonic P2. Diese kommen jedoch primär als Aufnahmemedium in Camcordern zum Einsatz. Als Wiedergabemedium für Zuspieler spielen sie keine Rolle.

Abbildung 3.5 zeigt einen SSD-Recorder mit zwei Steckplätzen. Die gerade nicht verwendete SSD kann getauscht werden, sodass eine „ewige" Aufzeichnung beziehungsweise Wiedergabe möglich ist. Das hier gezeigte Modell verwendet SDI- und HDMI-Ein- und -Ausgänge, die Pro-Version hat vier SDI-Ein- und -Ausgänge sowie

Bild 3.5: Vorder- und Rückseite Blackmagicdesign HyperDeck Studio

Componenten- und XLR-Anschlüsse für analoge Signale. Mittels serieller Schnittstelle kann das Gerät ferngesteuert werden.

SSD-Zuspieler kennen weder einen mechanischen Verschleiß wie Bandlaufwerke, noch eine Erschütterungsempfindlichkeit wie optische Laufwerke. Sie sind von daher sehr zuverlässig.

3.4 PCs und Medienserver

Herkömmliche PCs sind durchaus in der Lage, Videomaterial im sogenannten Vollbildmodus (also nicht innerhalb eines Programmfensters) abzuspielen und können somit grundsätzlich als Zuspieler in der Videotechnik verwendet werden. Sofern man nicht auf darauf spezialisierte Software setzt, gibt es jedoch immer gewisse Unzulänglichkeiten bei dieser Lösung, sei es, dass Bedienelemente temporär ins Bild eingeblendet werden, irgendwelche Dialoge erscheinen oder Systemklänge (z. B. die freundliche Stimme mit dem Hinweis „Ihr Akku ist nun voll aufgeladen“) die Tonwiedergabe stören.

Der Übergang von einem simplen Videoabspielprogramm bis hin zu einem professionellen Medienserver ist fließend. Bei für professionelle Videotechnik geeigneten Medienservern finden sich meist die folgenden Eigenschaften:

- Aufeinander abgestimmte Hard- und Software
- Mehrere Videoausgänge, um großer Projektionen mit mehreren Videobeamern durchführen zu können
- Ausgabekorrektur, z. B. Keystonekorrektur (zur Korrektur von Trapezverzerrungen)
- Automatisierung des Ablaufs mittels Cuelisten
- Externe Steuerung des Systems, insbesondere auf mit denen im Live-Bereich gebräuchlichen Protokollen wie z. B. dem Lichtsteuerprotokoll DMX 512
- Maskierung des Ausgabesignals, um auch auf nicht-rechteckige Flächen brauchbar projizieren zu können.

4 Signalverarbeitung

In diesem Kapitel werden Geräte besprochen, die in der Videoregie verwendet werden. Welchen Umfang eine solche Videoregie annimmt, hängt stark vom Einzelfall ab.

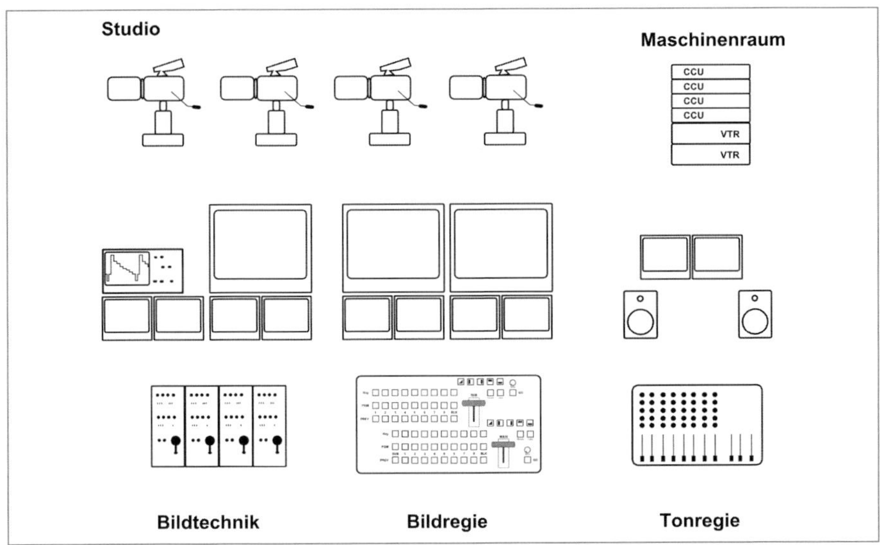

Bild 4.1: Klassische Aufteilung in Bildtechnik, Bildregie und Tonregie

Bild 4.1 zeigt die klassische Aufteilung in Bildtechnik, Bildregie und Tonregie, so wie sie insbesondere in Fernsehanstalten eingesetzt wird.

In der Bildtechnik laufen die einzelnen Signale auf. Der hier arbeitende Bildingenieur sorgt dafür, dass die einzelnen Signale bezüglich Helligkeit, Kontrast und Farbabstimmung so ähnlich sind, dass sie sich „guten Gewissens" mischen lassen. In der Bildtechnik sind die *Remote Control Panel* der einzelnen Kameras zu finden, als Messinstrumente stehen neben den Vorschaumonitoren auch Waveformanzeige und Vectorscope zur Verfügung.

In der Bildregie werden die von der Bildtechnik bereitgestellten Signale gemischt. Arbeitsmittel dafür ist ein Bildmischer sowie eine Ansammlung von Vorschaumonitoren – für die einzelnen Quellen, für die gewählte nächste Quelle und für das aktuelle Bild.

Die Tonregie befindet sich häufig in einem eigenen Raum, da die Tontechniker das Signal abhören müssen und dabei die Gespräche in der Bildregie sowie auch umgekehrt Signale die Gespräche stören würden. Eine Aufteilung in Signalaufbereitung und Signalmischung ist in der Tontechnik nicht üblich.

Das andere Extrem bilden Bildmischer mit eigenem Tonmischer, bei denen teilweise noch nicht einmal eine Bearbeitung von Helligkeit und Kontrast der einzelnen Bildquellen möglich ist, und die von einer einzelnen Person bedient werden. Oft steht dafür keine eigene Person zur Verfügung, z. B. wenn der Moderator einer Sendung nebenbei auch die Bildmischung übernehmen muss. Im Konferenzbereich macht häufig ein einzelner Techniker sowohl Beschallung als auch Video für den Beamer.

Je nach Einsatzzweck stellen sich an den Bildmischer andere Anforderungen.

4.1 Bildmischer und Switcher

Geräte, die grundsätzlich dasselbe tun, werden bisweilen unterschiedlich benannt:

- Bildmischer, manchmal auch Videomischer genannt, kommen aus der klassischen Fernseh- und Videotechnik. Die älteren Geräte sind folglich rein auf PAL- bzw. NTSC-Auflösung hin ausgelegt (teilweise umschaltbar), als Signale werden Component, Composite und/oder Y/C akzeptiert. Primäre Aufgabe ist das Überblenden zu einer anderen Signalquelle.

  Neuere Geräte lassen sich dann auch auf Auflösungen mit 720, 1 080 oder 2 160 Zeilen umschalten und skalieren Signale mit abweichender Auflösung entsprechend. Als Signale werden dann auch SDI, VGA und/oder HDMI akzeptiert.
- Switcher kommen aus dem englischen Sprachgebrauch und vor allem aus der PC-Technik, in der Beamer mit einem Signal aus mehreren Rechnern versorgt werden. Wird z. B. das Beamer-Signal von einem Referenten zum nächsten mit dem VGA-Stecker „umgestöpselt“ oder mittels eines mechanischen Schalters umgeschaltet, dann macht sich der Umschaltvorgang mit einem Flackern oder ähnlichen Artefakten im Beamerbild bemerkbar, was entsprechend unprofessionell aussieht. Aufgabe eines sogenannten *Seamless Switchers* (kurz *Switcher*) ist der nahtlose Übergang von einem Bildsignal zum nächsten.

  In der PC-Technik musste man schon früher als in der Fernseh- und Videotechnik mit unterschiedlichen Auflösungen zurechtkommen, die dann auf eine einheitliche Auflösung zu skalieren sind. Sogenannte *Scaler* waren zunächst eigenständige Geräte, die dann zunehmend in Switcher eingebaut wurden, was zu Begriffen wie *Scaling Switcher* oder *Scaler/Switcher* führte. Als Eingangssignale sind primär die verschiedenen RGB-Derivate (RGBHV, sRGB etc.) vorgesehen, die über VGA-Buchsen und vor allem über jeweils fünf einzelne BNC-Buchsen angeschlossen werden.

War man in der ersten Generation dieser Geräte schon damit zufrieden, einen sauberen Bildwechsel zu erreichen, kam schnell der Wunsch nach weichen Überblendungen auf. An die Switcher – traditionell 19”-Geräte – wurden dann externe Bedieneinheiten (*T-Bar-Panel* o. Ä.) angeschlossen.

Vom Funktionsumfang werden Bildmischer und Switcher immer ähnlicher, die Wahl des Begriffes scheint inzwischen mehr über die Herkunft des Herstellers als über das Gerät auszusagen. Das Zusammenwachsen dieser beiden Sphären äußert sich schließlich auch in Gerätebezeichnungen wie *Production Switcher*.

Im Folgenden wird primär von Bildmischern die Rede sein.

4.1.1 T-Bar

Zentrales Element eines Bildmischers ist die Mischeinheit mit der Quellenumschaltung und der T-Bar-Fadereinheit. Hier gibt es grundsätzlich zwei Ansätze: Beim AB-Prinzip gibt es den sog. Bus A und den Bus B, die beide gleichwertig sind. Mittels einer Quellenumschaltung – im Prinzip einer Kreuzschiene – kann für jeden dieser beiden Busse ein Signal ausgewählt werden. Zur Verfügung stehen hier zunächst einmal die Eingangssignale 1 bis n sowie ein Schwarzbild (meist englisch *black* oder mit BLK abgekürzt). Bisweilen kann man statt des Schwarzbilds eine beliebige Farbe verwenden, manchmal stehen Farbbalken (color bars, abgekürzt CBAR) zur Verfügung. In einigen Fällen sind auch weitere Signale auswählbar, z. B. die Ausgänge von anderen Mischerebenen oder von Wiedergabeeinheiten.

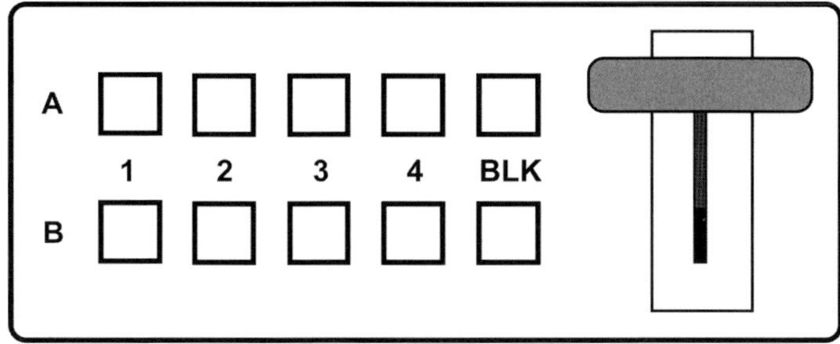

Bild 4.2: Mischeinheit nach dem AB-Prinzip

Mittels des T-Bars kann nun von Bus A nach Bus B gewechselt werden. Ein solcher Wechsel kann eine normale Überblendung (*fade*) oder ein Wischeffekt (*wipe*) sein. Manche Mischeinheiten haben darüber hinaus noch deutlich ambitioniertere Überblendeffekte. Kennzeichnend für eine Mischeinheit nach dem AB-Prinzip ist, dass aus der Stellung des T-Bars eindeutig zu erkennen ist, ob der Bus oben (T-Bar oben) oder der Bus unten (T-Bar unten) aktiv ist. Um zu erkennen, welche von den verschiedenen Quellen auf dem jeweiligen Bus gewählt ist, wird der entsprechende Taster meist vollflächig hinterleuchtet.

Der T-Bar-Regler ist meist so justiert, dass auf den ersten paar Prozenten des Reglerweges vollständig der Bus A und auf den letzten paar Prozenten des Reglerweges vollständig der Bus B gewählt ist. Stimmt diese Justierung nicht oder nicht mehr, dann kann das Problem bestehen, dass das Bild des nicht gewählten Busses ein wenig „durchschimmert“, obwohl der Regler am Anschlag ist. Hier kann man sich vorläufig so behelfen, dass am Ende eines Überblendvorganges der nicht mehr gewählte Bus auf dieselbe Quelle geschaltet wird, sodass sich gleiche Bilder überlagern (was nicht zu erkennen ist). Erst zu Beginn des nächsten Überblendvorganges wird dieser Bus schließlich auf die nächste Quelle geschaltet.

Vom AB-Prinzip unterscheiden sich Mischeinheiten nach dem Program-Preview- kurz PP-Prinzip. Bisweilen wird auch vom Flip-Flop-Prinzip gesprochen. Hier gibt es einen Programm- und einen Vorschau-Bus. Auf dem Programm-Bus ist das Signal geschaltet, das gerade auf den Ausgang des Mischers geschaltet ist, auf dem Preview-Bus das Bild, zu dem übergeblendet wird.

Bei der Überblendung bewegt man den T-Bar-Regler von der jetzigen Extremposition in die andere Extremposition, also von oben nach unten oder von unten nach oben. Sobald der Überblendvorgang beendet ist, tauschen Program- und Preview-Bus die Anzeigen. Grundannahme sei, dass Program auf Eingang 1 und Preview auf Eingang 2 stehen. Wird nun übergeblendet, dann wird das Bild von 1 auf 2 übergeblendet. Am Ende dieses Vorgangs steht Program auf 2 und Preview auf 1. Wird Program umgeschaltet, dann wechselt das Ausgangsbild sofort, wird Preview umgeschaltet, dann wechselt das Bild, auf das die nächste Überblendung erfolgen würde.

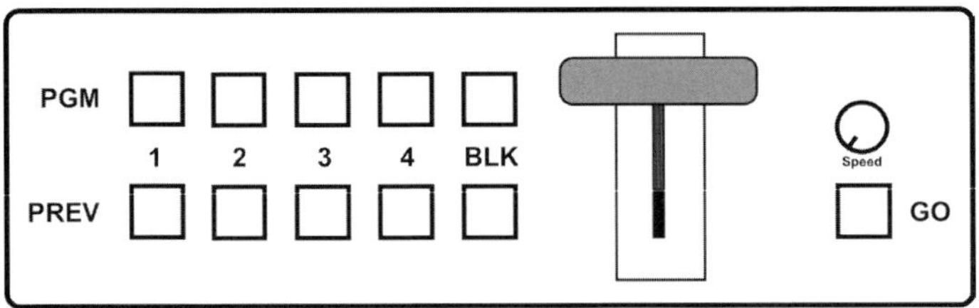

Bild 4.3: Mischeinheit nach dem PP-Prinzip

Da beim PP-Prinzip die Stellung des T-Bars nicht mit dem Bus gekoppelt ist, lassen sich hier auch Überblendungen ohne den Einsatz des T-Bars vornehmen. Manche Mischeinheiten haben dazu einen Geschwindigkeitsregler und einen GO-Button. Möchte man eine Überblendung in z. B. einer Minute, so stellt man die Geschwindigkeit auf 60 Sekunden und drückt dann zum Start den GO-Button. Ohne dass der T-Bar bewegt wird, wird nun von Program nach Preview übergeblendet. Anschließend tauschen die Busse die Anzeige der gewählten Quelle. Der Vorteil einer solchen automatischen Überblendung ist, dass sie bei längeren Zeiten gleichmäßiger erfolgt und man die Hand während dieser Zeit für andere Aufgaben frei hat.

4.1.2 Überblendungen

Überblendungen lassen sich grob in Misch- und Wisch-Effekte unterteilen (englisch *fades* und *wipes*). Für die folgenden Ausführungen sollen stets dieselben Quellen verwendet werden, die in Bild 4.4 dargestellt sind.

Bild 4.4: Bild A (0 %) und Bild B (100 %)

Die klassische Überblendung (auch *weiche Blende* genannt) ist ein Misch-Effekt über die Helligkeit: Das ursprüngliche Bild wird dabei immer dunkler, das neue Bild immer heller. Die Farben und der Kontrast werden dabei nicht verändert.

Eine Sonderform dieser Misch-Effekte sind Überblendungen zur Farbe Schwarz hin (*fade to black*). Das Bild wird ausgeblendet, also immer dunkler. Das Gegenteil dazu ist eine Überblendung von Schwarz zur Videoquelle hin (*fade from black*). Eine Sonderform dazu ist *fade through black*. Eine Quelle wird zunächst nach Schwarz ausgeblendet, die neue dann von Schwarz aus eingeblendet. Diese Sonderform findet man vor allem bei Seamless Switchern mit leistungsschwachen Bildprozessoren, die nicht gleichzeitig zwei Bilder berechnen und dann noch addieren können.

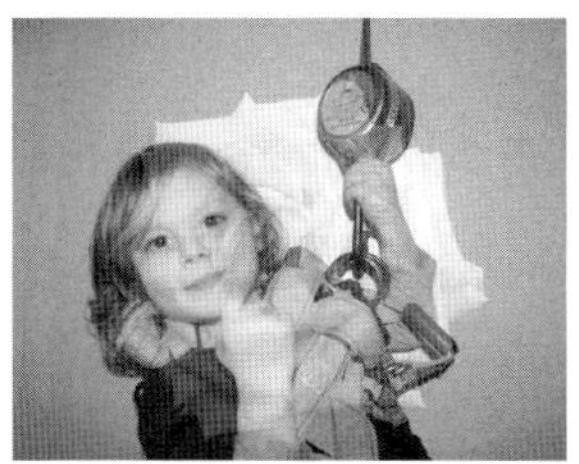
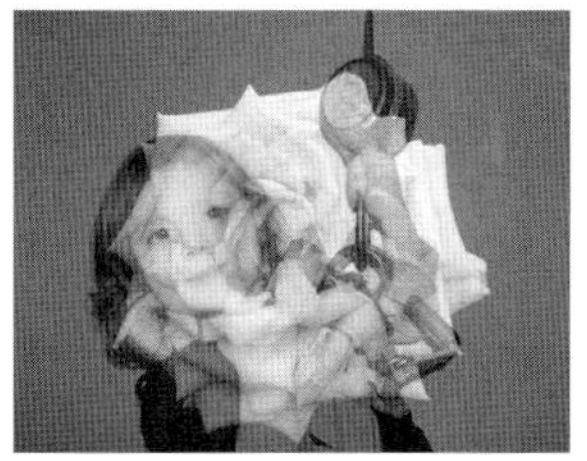

Bild 4.5: Misch-Effekt (25 %, 50 %, 75 %)

Bei Wisch-Effekten verdrängt das neue Bild zunehmend das alte. Helligkeit, Farbe und Kontrast beider Bilder bleiben dabei unangetastet. Der klassische Wisch-Effekt ist der horizontale Wipe von links nach rechts, analog der in unserem Kulturraum vorherrschenden Leserichtung. Es gibt aber auch die Varianten von rechts nach links, von oben nach unten (vertikales Wischen) von links oben nach rechts unten (diagonales Wischen) etc.

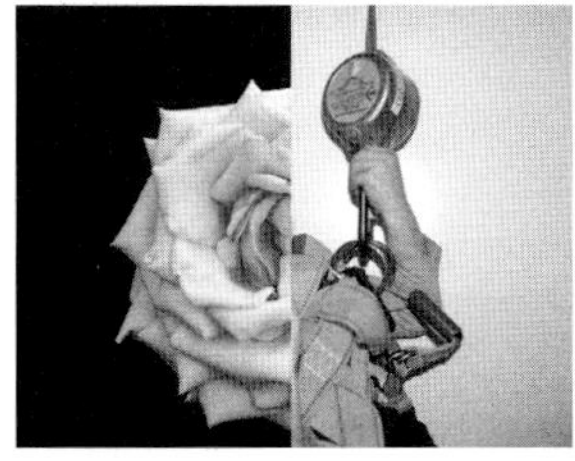

Bild 4.6: Horizontaler Wisch-Effekt (25 %, 50 %, 75 %)

Die bislang besprochenen Wisch-Effekte sind auch mit analoger Technik vergleichsweise leicht zu realisieren, da einfach nach einer entsprechenden Anzahl von Zeilen (vertikales Wischen) oder nach einer bestimmten Zeit innerhalb einer Zeile (horizontales Wischen) bzw. beides (diagonales Wischen) von der einen Quelle zur anderen umgeschaltet werden muss.

Deutlich aufwendiger sind Wisch-Effekte mit geometrischen Sonderformen, in Zeiten der Digitaltechnik allerdings auch kein Problem mehr.

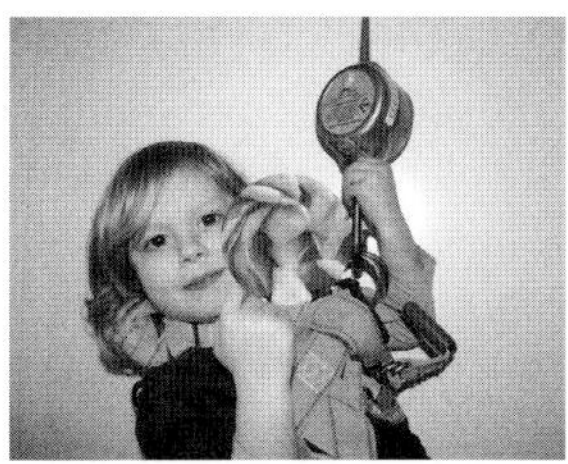  

Bild 4.7: Kreisförmiger Wisch-Effekt (25 %, 50 %, 75 %)

Deutlich mehr Rechenaufwand verursachen Skalierungseffekte, da hier ein komplettes Bild skaliert werden muss. Man beachte in Bild 4.8, dass im Unterschied zum Wischeffekt während der Überblendung stets das komplette neue Bild zu sehen ist, jedoch entsprechend verkleinert.

Bild 4.8: Skalierungs-Effekt (25 %, 50 %, 75 %)

Bei Schiebe-Effekten „schiebt" ein Bild das andere aus dem sichtbaren Bereich.

Bild 4.9: Schiebe-Effekte (25 %, 50 %, 75 %)

Eine vollständige Auflistung aller Wisch-Effekte scheitert schon daran, dass die Hersteller von Bildmischern stets neue Techniken entwickeln, zumal die Bildprozessoren inzwischen in der Lage sind, aufwendige 3D-Effekte zu berechnen. Es können dabei auch Effekte kombiniert werden, z. B. ein Skaling- mit einem Mischeffekt – das neue Bild wird also gleichzeitig größer und heller.

An dieser Stelle muss aber darauf hingewiesen werden, dass nicht alle Effekte, die ein Hersteller vorsieht, vom Anwender genutzt werden müssen. Die verwendete Überblendung sollte zum Inhalt der Bilder passen. Es sollte nicht der Eindruck entstehen, dass in der Bildregie willkürlich Überblendeffekte ausprobiert wurden. Mit einer weichen Blende macht man grundsätzlich keinen Fehler.

4.1.3 Stanzen / Keying

Der Begriff *Stanze* kommt aus der deutschen Fernsehtechniksprache, im englischsprachigen Raum spricht man von Keying. Grundsätzlich überlagert bei einer Stanze ein Bild ein anderes, wobei beim oberen Bild ein mehr oder weniger großes Stück entfernt wird, sodass man auf das darunterliegende Bild sehen kann. Wird nur ein kleines Stück entfernt, dann entsteht so etwas wie ein Schlüsselloch, durch das man in den dahinterliegenden Raum schauen kann – von dieser Analogie hat der englischsprachige Begriff *Keying* seine Herkunft.

Klassische Anwendungsfälle für Keying sind zunächst einmal Senderlogos und Bauchbinden, die über das eigentliche Bild gelegt werden. Daneben besteht auch die Möglichkeit, Personen vor einen anderen Hintergrund zu stellen, z. B. vor eine Wetterkarte.

Bild 4.10 zeigt die wesentlichen Bedienelemente eines einfachen PP-Bildmischers mit zusätzlicher Keying-Funktion. Präzise formuliert handelt es sich hierbei um einen sogenannten *DownStreamKeye*r (DSK). Das Bild wird also über die Mischeinheit gelegt. Das Gegenteil davon wäre ein *UpStreamKeye*r (USK), dessen Bild unterhalb der Mischeinheit liegen würde.

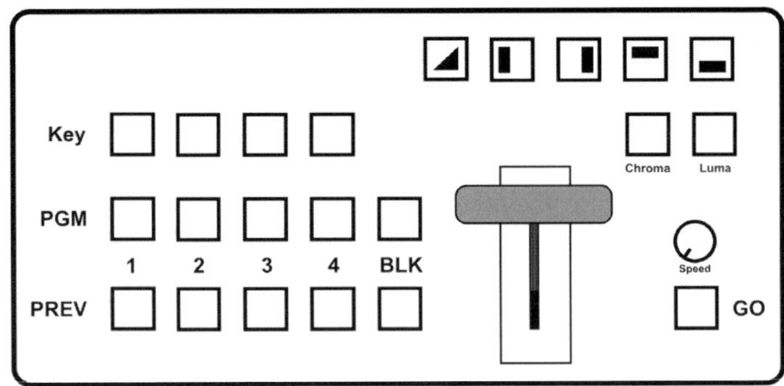

Bild 4.10: Bildmischer mit Keying-Ebene (DownStreamKeyer) und Buttons zur Wahl der Überblend-Charakteristik

Zusätzlich gibt es einen weiteren Bus, den Bus *Key*. Hier wird das Signal ausgewählt, das über das Bild der Mischeinheit gelegt wird. An dieser Stelle ergäbe die Wahl eines Schwarzbildes allerdings keinen Sinn.

Nun muss festgelegt werden, an welchen Stellen des Ausgangsbildes das Bild auf dem Key-Bus und an welchen Stellen das Bild auf dem Programm-Bus zu sehen ist. Dazu wird ein sogenanntes Stanz-Signal benötigt. Dieses kann entweder aus dem Keying-Bild abgeleitet oder als zusätzliches Eingangssignal zugeführt werden.

Das klassische Verfahren für Senderlogos und Bauchbinden ist das Lumakey-Verfahren, bei dem das Stanz-Signal aus der Helligkeit des Bildes (Luminanz) abgeleitet wird. Alle Stellen, die auf dem Bild des Key-Busses schwarz (alternativ, oft umschaltbar: weiß) sind, sind transparent, alle anderen Stellen überlagern das Bild der Mischeinheit.

Für die Aufgabenstellung *Redner vor anderem Hintergrund* wird meist das ChromaKey-Verfahren verwendet, bei dem das Stanz-Signal aus der Farbe des Bildes (Chrominanz) abgeleitet wird. Früher verwendete man dazu einen blauen Hintergrund (*BlueScreen-Verfahren*), heute wird eher ein grüner Hintergrund (*GreenScreen*) benutzt, da bei der Bekleidung von Rednern eher blaue als grüne Farbtöne ausgewählt werden.

Bei modernen Bildmischern ist man hier nicht auf eine Farbe festgelegt, sondern man kann Farbe und Toleranz wählen. Je größer die Toleranz ist, desto weniger Sorgfalt muss man auf die gleichmäßige Ausleuchtung des Hintergrundes (*GreenScreen*) achten. Die Gefahr ist allerdings groß, dass Teile des Redners plötzlich

Bild 4.11: Bauchbinde mit dem Lumakey-Verfahren

transparent werden. ChromaKey-Verfahren bedürfen einer ausreichend hohen Chrominanzbandbreite. Im analogen Bereich sollte man nach Möglichkeit mit Komponentensignalen arbeiten, im digitalen Bereich mit 4:2:2- oder gleich 4:4:4-Farbabtastung.

Größere Freiheiten hat man dort, wo Bild- und Stanz-Signal getrennt werden (*ExternalKey*). Hier hat man die Möglichkeit, nicht nur hart zwischen Vorder- und Hintergrundbild zu trennen, sondern diese ganz oder teilweise zu mischen. Das externe Stanz-Signal ist in diesem Fall ein Luminanzsignal. In den schwarzen Bereichen dieses Signals wird das Hintergrundbild verwendet, in den weißen Bereichen das Vordergrundbild, und in den grauen Bereichen werden analog zur Helligkeit das Vorder- und das Hintergrundbild gemischt.

Bild 4.12: Bauchbinde mit ExternalKey

Bei der Betrachtung des Bildes 4.10 mag auffallen, dass ein solcher Bildmischer zwar durchaus dazu geeignet ist, über den Key-Bus Senderlogos und Bauchbinden einzublenden, dass darüber hinausgehende Keying-Verfahren jedoch nur beschränkt möglich sind. Als Beispiel sei eine Nachrichtensendung gegeben, bei der im Laufe der Sendung auf die Wettervorhersage übergeblendet wird. Die Wetterkarte wäre dann das Hintergrund- und der Meteorologe vor dem GreenScreen das Vordergrundbild. Dieses Signal wäre mit dem in Bild 4.10 skizzierten Bildmischer zwar möglich (wenn man den Keying-Bus nicht schon für Senderlogo und/oder Bauchbinde benötigt), nicht aber die Überblendung dorthin. Statt einer Überblendung würde man den Programm-Bus hart von Studio zu Wetterkarte um- und zeitgleich auf den Keying-Bus den Meteorologen zuschalten. Auch der Wechsel auf das nächste Bild wäre nur mit einem harten Cut möglich.

Um solche Beschränkungen zu vermeiden, verwendet man Bildmischer mit mehreren Mischeinheiten, siehe Bild 4.13.

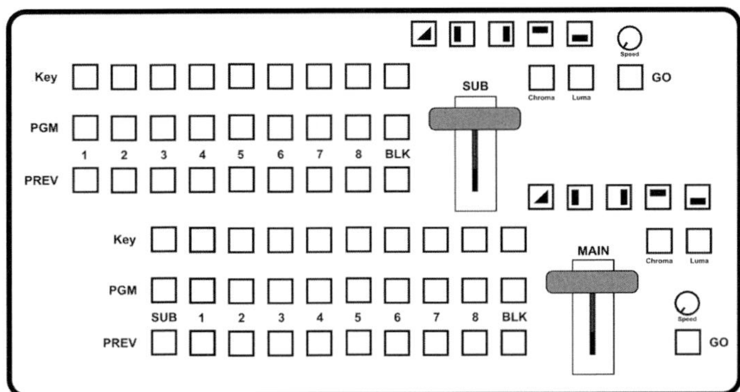

Bild 4.13: Bildmischer mit zwei Mischeinheiten

Ein Bildmischer mit mehreren Mischeinheiten kann sich als zwei Bildmischer in einem Gehäuse vorgestellt werden, bei denen der Ausgang einer Mischeinheit (*Sub*) auf die Eingänge der anderen Mischeinheit (*Main*) gelegt werden. Beim eben angesprochenen Beispiel würde das Wetterstudio auf der Einheit *Sub* abgewickelt werden: Der Meteorologe liegt auf dem Bus *Key*, auf *Pgm* und *Prev* könnte man zwischen zwei verschiedenen Wetterkarten überblenden. Die Überblendung von Studio auf Wetterstudio erfolgt auf der Ebene *Main*, mit der von der aktuellen Kamera auf *Sub* übergeblendet wird. Auf dem Bus *Key* der Ebene *Main* würden dann Senderlogo und/oder Bauchbinde liegen.

4.1.4 PiP

PiP steht für Picture-in-Picture (Bild-in-Bild) und benennt die Möglichkeit, in ein Bild ein anderes einzublenden. Technisch gesehen wird dabei eine Stanze mit einer Skalierung kombiniert.

Im Konferenzbereich wird diese Technologie gerne dafür verwendet, weitere Informationen in Video-Signale einzublenden. Bilder von Rednern sind eher hoch als breit und Beamer haben ein Seitenverhältnis zwischen 4:3 und 16:9. Dabei entsteht demzufolge links und rechts der Kopfes zwangsläufig eine nicht genutzte Fläche. Würde man den Redner etwas mehr nach links nehmen, bestünde die Möglichkeit, rechts ein anderes Bild, z.B. die aktuelle Umsatzentwicklung, hinzunehmen. Auch der umgekehrte Fall ist denkbar, indem bei einer Präsentation auch das Rednerbild hinzugefügt wird. Wenn man vorher einen geeigneten Platz

Bild 4.14: PiP

Bild 4.15: PiP mit geschwenktem Bild

dafür festlegt, können die Präsentationen auch so erstellt werden, dass keine wichtigen Elemente verdeckt werden.

Im einfachsten Fall kennt die PiP-Funktion nur ein paar umschaltbare Positionen für das eingeblendete Bild, woraus sich zugleich die Skalierung ergibt. Meist findet man in solchen Fällen allerdings keine Einstellung, die richtig zufriedenstellt. Für eine brauchbare Verwendung sollte sich das eingefügte Bild daher zumindest frei positionieren und skalieren lassen. Bei besseren Ausführungen kann das eingefügte Bild auch zugeschnitten werden, sodass man unwichtige Bildteile (primär links und rechts neben einem eingefügten Kopf) entfernen kann. Im Idealfall lässt sich das Bild auch noch drehen und kippen, wodurch z. B. der Eindruck entsteht, das Bild würde auf die linke bzw. rechte Studiowand projiziert.

Der „arme Bruder" des PiP ist der *SplitScreen*, also der geteilte Bildschirm. Hier wird ein Signal auf die linke und ein anderes Signal auf die rechte Bildschirmseite gelegt. SplitScreen gibt es in zwei Varianten: Bei Variante eins wird die linke Seite des einen Bildes mit der rechten Seite des anderen Bildes kombiniert, die Bilder bleiben jedoch unskaliert. In diesem Fall ist die Funktion SplitScreen verwendbar. Es muss jedoch darauf geachtet werden, dass die bildwichtigen Elemente jeweils auf der linken beziehungsweise rechten Seite sind, da sie sonst nicht sichtbar sind. Diese Variante von SplitScreen ist gut dafür einsetzbar, zwei Personen gleichzeitig in ein Bild zu bekommen, bedarf aber entsprechender Kameraschwenks.

Variante zwei skaliert beide Bilder horizontal und verzerrt somit die Bildproportionen, ist daher also auch eher ungeeignet. Sie ist weder bei Gesichtern noch bei Schrift verwendbar. Ein sinnvoller Verwendungszweck besteht allerdings darin, zwei Kameras bezüglich Helligkeit und Farbabstimmung aneinander anzugleichen.

Bei rechnergestützten Systemen (TriCaster, WireCast) findet man die Möglichkeit von virtuellen Studios. Dabei wird ein Studio als 3D-Modell im Rechner gehalten, in das mittels GreenScreen-Verfahren die einzelnen Beteiligten eingefügt werden. Brauchbare Ergebnisse bringt dieses Verfahren allenfalls dann, wenn hohe Sorgfalt auf die Montage der einzelnen Bildquellen in das Studio verwendet wird. Häufig stimmen die Proportionen von Studio-Möbeln und Personen nicht, bei mehreren Personen auch nicht deren Positionierung. Die Beteiligten schauen sich während der Diskussion vor den GreenScreens gegenseitig an, im virtuellen Studio schauen sie dann aneinander vorbei.

4.1.5 Bildabstimmung

In der klassischen Fernsehtechnik werden Einstellungen wie Helligkeit, Kontrast und Farbabstimmung von der Bildtechnik durchgeführt – entsprechende Einstellmöglichkeiten im Bildmischer sind somit nicht erforderlich und häufig auch nicht vorhanden.

In der Videotechnik wird zudem häufig nicht mit einer extra Bildtechnik gearbeitet, zumeist stehen noch nicht einmal RemoteControlPanel für alle eingesetzten Kameras zur Verfügung. Werden dann auch noch unterschiedliche Kameras eingesetzt, ist es hilfreich, wenn man am Bildmischer ein paar Sachen einstellen kann.

Im einfachsten Fall lassen sich für jede Quelle nur Helligkeit und Kontrast einstellen. Helligkeit könnte man auch direkt an der Kamera einstellen. Wenn jedoch Kameraleute eingespart wurden, kann es hilfreich sein, diese Arbeit am Bildmischer vorzunehmen.

Bild 4.16: Geeignete und ungeeignete Variante von SplitScreen

Bei besser ausgestatteten Bildmischern lässt sich zusätzlich nicht nur die Farbsättigung anpassen, sondern mittels eines Joysticks auch der Farbton. Grundsätzlich sollte man jedoch erst alle Kameras einem sorgfältigen Weißabgleich unterziehen, bevor man am Bildmischer nachkorrigiert.

4.1.6 Synchronisierung der Quellen

Bildmischer benötigen synchronisierte Quellen oder müssen diese selbst synchronisieren. Zur Zeit der analogen Bildmischer hat es sich etabliert, dass ein Gerät im Studio – im Zweifelsfall der Bildmischer selbst – einen Studiotakt ausgegeben hat, auf den sich alle anderen Quellen synchronisiert haben (Genlock). Die Kamera beziehungsweise die CameraControlUnit hat zu diesem Zweck einen Genlock-Eingang, auf den die interne Elektronik synchronisiert wird, so dass sie sich stets an derselben Position derselben Bildzeile befindet wie der Videomischer. Die hier schon unterschiedliche Leitungslängen zu Abweichungen zwischen den einzelnen Kameras führen können, besteht bei Studio-Geräten die Möglichkeit der Feinabstimmung, siehe Bild 4.17.

Als Synchronisationssignal wird häufig das sogenannte BlackBurst-Signal eingesetzt. Im Grunde handelt es sich dabei um ein FBAS-Signal, bei dem das komplette Bild schwarz ist, sodass nur der Synchronimpuls und das Burst-Signal zur Synchronisierung des PAL-Quadraturmodulators im Signal verbleiben.

Kameras lassen sich vergleichsweise einfach synchronisieren, da hier nur der interne Generator zum Gleichlauf gebracht werden muss. Bei analogen Zuspielern, wie z. B. Videorecordern, kommt allerdings der Takt aus dem wiederzugebenden Signal – dies kann nur mit hohem Aufwand und einer längeren Synchronisationsphase in Gleichtakt gebracht werden. Aus diesem Grund wurden hier schon recht früh digitale Zwischenspeicher eingesetzt, in die das wiedergegebene Signal eingelesen und im Studiotakt ausgelesen wurde. Solche *TimeBaseCorrectors* (TBC) sind inzwischen in fast allen modernen Bildmischern eingebaut, sodass der Bildmischer die Signale völlig automatisch synchronisiert – Consumer-Geräte könnten

Bild 4.17: Genlock-Einstellung an einer CCU

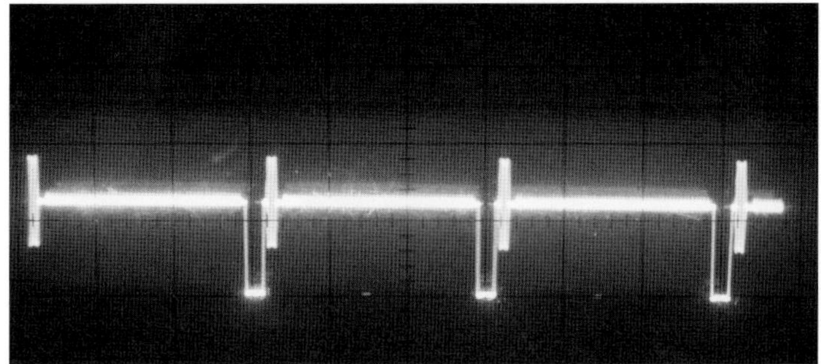

Bild 4.18: BlackBurst-Signal

sonst auch nicht eingesetzt werden, da diese traditionell keine Genlock-Eingänge aufweisen.

Schwierigkeiten entstehen allenfalls dann, wenn Unkundige bei einem Online-Auktionshaus ältere professionelle Bildmischer ersteigern. Diese wechseln häufig für recht geringe Beträge den Besitzer, der sie mit seiner vorhandenen Kameratechnik oft nicht verwenden kann, da sie sich nicht extern synchronisieren lässt.

4.2 Praktische Ausführungen von Bildmischern und Switchern

In diesem Kapitel sollen einige Bildmischer näher betrachtet werden.

4.2.1 Datavideo SE-500

Der Datavideo SE-500 ist ein einfacher analoger Videomischer nach dem PP-Prinzip mit vier Eingängen (alle sowohl Composite als auch Y/C). Als Ausgänge gibt es zweimal Composite und einmal Y/C (über ein Spezialkabel kann aus einem Composite und dem Y/C-Ausgang auch ein Komponentenausgang gebildet werden). Daneben gibt es einen kleinen Audiomischer. Steuern lässt sich der SE-500 über RS232 und MIDI. Außerdem gibt es eine Buchse zum Anschluss von Tally-Anzeigen.

Am SE-500 lässt sich ein Vorschaumonitor anschließen, an dem alle vier Eingangsquellen gleichzeitig dargestellt werden, wenn auch entsprechend verkleinert. Daneben werden dort auch einige Status-Informationen eingeblendet. Während eines Überblendvorgangs wird der Vorschaumonitor automatisch auf den Ausgang umgeschaltet, nach der Überblendung springt er wieder zur sogenannten *QuadView* zurück.

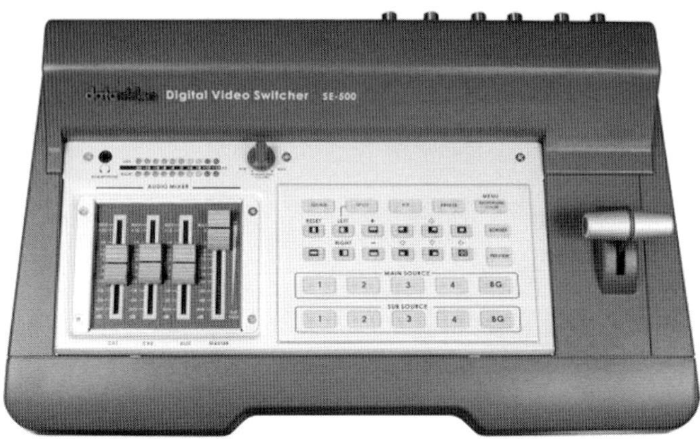

Bild 4.19: Datavideo SE-500

Neben den normalen Fade- und Wipe-Effekten beherrscht der SE-500 zudem die halbierte (*Split*) und geviertelte (*Quad*) Ansicht aller Quellen, wobei auch bei Split skaliert wird, was entsprechend die Bildproportionen verzerrt. Daneben gibt es noch Standbild (*Freeze*) und PiP.

4.2.2 Edirol V4

Der Edirol V4 ist ein Gerät, das insbesondere im Bereich der sogenannten Video-Jockeys (kurz VJs, also denjenigen, die sich in einer Diskothek um den Bildmischer kümmern) eine erhebliche Popularität gewonnen hat.

Grundsätzlich ist der Edirol V4 ein Bildmischer nach dem AB-Prinzip mit vier Composite-Eingängen, wobei die Kanäle 1 und 2 zusätzlich auch als Y/C-Eingänge vorliegen. Als Ausgänge gibt es zweimal Composite und einmal Y/C sowie einen Ausgang für den Vorschaumonitor, der sich zwischen allen vier Eingängen und dem Ausgang umschalten lässt. Auf dem Vorschaumonitor wird dann auch das Menü angezeigt.

Die T-Bar des V4 lässt sich um 90° drehen, entweder oben/unten oder links/rechts – die Zuordnung zu den Tastenfeldern ist bei links/rechts klarer. Für A und B gibt es jeweils vier Effekt-Buttons, die mit den beschrifteten Effekten vorbelegt sind, sich aber über das Menü umkonfigurieren lassen. Es stehen dabei auch ambitioniertere Effekte wie LumaKey, ChromaKey und PiP zur Verfügung, etliche Parameter lassen sich dabei über das Menü einstellen.

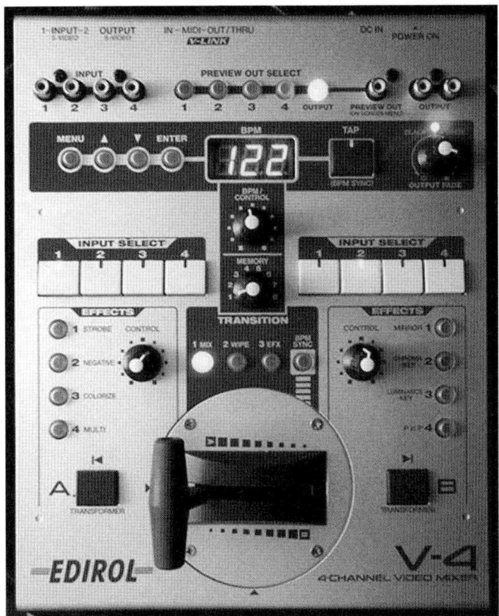

Bild 4.20: Edirol V4

Die Überblendung zwischen A und B kann nicht nur über die T-Bar, sondern auch musikgesteuert oder über den TAP-Taster erfolgen. Daneben lässt sich dieser Bildmischer auch per MIDI steuern.

4.2.3 Sony MCS-8M

Der Sony MCS-8M ist ein kompakter SD/HD-Videomischer mit integriertem 6-Kanal-Audio-Mischer. Er verfügt über vier SDI- und einen HDMI-Eingang sowie im SD-Modus über drei analoge Composite-Eingänge und im HD-Modus über drei HDMI-Eingänge. Als Ausgänge stehen Program, Aux1 und Aux2 zur Verfügung (also SDI, bei HD zusätzlich als DVI, bei SD zusätzlich als analoges Composite). Daneben gibt es noch einen SDI- und einen HDMI-Ausgang zum Anschluss eines sogenannten Multi-Viewer-Monitors, auf dem Eingangssignale, Preview und Program gleichzeitig dargestellt werden können und dessen Bildaufteilung einstellbar ist.

Bild 4.21: Sony MCS-8M

Der integrierte Audio-Mischer ist ein kleiner 6-Kanal-Mischer, der seine Signale nicht nur aus den zwei XLR-Eingängen und sechs Klinkeneingängen erhalten kann, sondern auch aus dem eingebetteten Audio der angeschlossenen digitalen Videoquellen. Mit Hoch- und Tiefpassfilter, dreifachem vollparametrischen Equalizer, Kompressor und Delay in jedem Kanal ist dieser Audio-Mischer recht großzügig ausgestattet.

Großzügig ist auch die Ausstattung der Video-Sektion. Mit Hilfe des Aux-Busses kann man von einer Videoquelle zu einer PiP-Anordnung überblenden. Damit sind in etwa die Effekte möglich, für die man sonst zwei Mischeinheiten benötigen würde. An Stanzen verfügt der MCS-8M über LumaKey, ChromaKey und LinearKey. Bauchbinden, Senderlogos und ähnliche Standbilder lassen sich über die USB-Schnittstelle als Datei auf den Mischer bringen und belegen somit keinen Video-Eingang.

Bild 4.22: Bildregiemischer Sony MVS6000 (Foto: Sony)

4.2.4 Großer Bildregiemischer

Große Bildregiemischer kommen primär in Fernsehanstalten und Übertragungswagen zum Einsatz, wenn viele Quellen gemischt werden müssen. Bei Fußballspielen oder Wahlberichterstattungen sind schnell über ein Dutzend Kameras im Einsatz, gegebenenfalls müssen auch per SNG zugespielte Signale eingebunden werden.

Bei solchen Einsätzen besteht eine Trennung zwischen Bildtechnik, Bildregie und Tontechnik, sodass solche Bildregiemischer keine Audio-Einheit beinhalten und meist auch kaum Bearbeitungsmöglichkeiten für das einzelne Videosignal bieten.

4.2.5 Seamless Switcher

Der Begriff *Seamless Switcher* wird primär in der Konferenz- und Präsentationstechnik verwendet, wenn es darum geht, verschiedene Quellen auf den Eingang eines Beamers zu schalten. Von einem Bildmischer unterscheidet sich ein *Seamless Switcher* insbesondere durch folgende Eigenschaften:

- Die Ausgangsauflösung ist an die in der Computertechnik verwendeten Auflösungen angepasst, insbesondere an XGA. Selbst einfache Modelle haben meist zumindest einen Scaler integriert, um das Bild an die native Auflösung des Beamers anpassen zu können (vor ein paar Jahren waren die in Beamern eingebauten Scaler fast immer von mittelmäßiger Qualität).

- Die Eingänge sind primär auf RGB-Varianten ausgelegt, insbesondere das bei der VGA-Steckverbindung verwendete RGBHV, auch wenn die hochwertigeren Geräte das Signal über fünf BNC-Buchsen statt mittels VGA-Buchse entgegennehmen. Für den Anschluss von PC-Ausgängen werden dann entsprechende Adapter benötigt. Neuere Geräte nehmen auch DVI und/oder HDMI entgegen. Daneben gibt es in manchen Geräten auch Video-Eingänge, insbesondere Composite und S-Video.
- Der Schwerpunkt solcher Geräte liegt nicht – wie bei klassischen Bildmischern – bei Überblend- und Stanzeffekten. Manche Geräte beherrschen nur eine einfache, dann aber flackerfreie Umschaltung oder eine Überblendung nur über Schwarz („fade through black"). Hintergrund dieser Vorgehensweise ist, dass Seamless Switcher meist vollständig digital arbeiten und dass eine Überblendung deutlich mehr Rechenleistung und gegebenenfalls auch einen zweiten Scaler benötigt.
- Soll Picture-in-Picture verwendet werden, sollte sich vorher genau angesehen werden, was das Gerät beherrscht und was nicht. Manche Geräte können nur eine Video- in eine VGA-Quelle und umgekehrt einfügen, aber nicht eine Video- in eine Video- oder eine VGA- in eine VGA-Quelle.
- Seamless Switcher sind meist 19"-Geräte mit ein paar Bedienelementen an der Frontplatte. Für komfortablere Bedienung schließt man eine T-Bar-Einheit an, oder man steuert den Switcher über einen PC und eine entsprechende Software.
- Seamless Switcher werden häufig auch im Installationsbereich verbaut und haben für diesen Zweck bisweilen eine – meist rudimentäre – Ton-Sektion.

Ein typisches Gerät für einen Seamleass Switcher ist der Analog Way Pulse, siehe Bild 4.23. Primär hat er PC-Eingänge (viermal VGA und zweimal DVI) und kann zwei

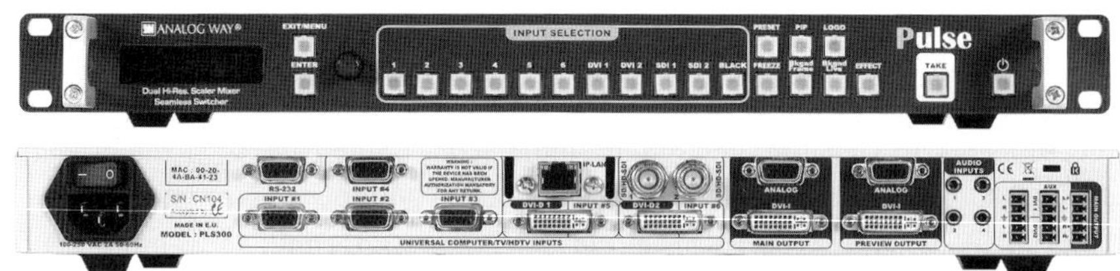

Bild 4.23: Vorder- und Rückseite des Switchers Analogway Pulse (Foto Analog Way)

Kamerasignale über SDI einbinden. Die Ausgänge für Main und Preview liegen dann auch parallel auf VGA und DVI. Ebenso gibt es eine rudimentäre Tonsektion. Gesteuert wird das Gerät über die Tasten auf der Vorderseite, über eine T-Bar-Einheit oder über einen PC mittels RS232- oder Netzwerkschnittstelle.

4.2.6 Blackmagic Design ATEM 1 M/E

Auch bei Bildmischern kommt zunehmend mehr PC-Technik zum Einsatz. Grundsätzlich gibt es hier zwei Entwicklungslinien: Kombinierte Hardware-/Software-Lösungen und reine Software-Lösungen. Als Beispiel für eine kombinierte Hardware-/Software-Lösung soll hier der Blackmagic Design ATEM 1 M/E Production Switcher näher betrachtet werden.

Es handelte sich dabei um das mittlere Modell einer Reihe von Bildmischern, bei denen die eigentliche Videobearbeitung in einem 19”-Gehäuse stattfindet und das nur Anschlüsse, jedoch keine Bedienelemente enthält. Gesteuert wird das Gerät, indem man entweder über die Netzwerkbuchse einen Mac oder PC anschließt und die Steuerung per Software vornimmt, oder man über diese Netzwerkbuchse eine Hardware-Einheit mit Tastenfeld und T-Bar anschließt und dadurch eine reine Hardware-Lösung erhält, die ohne PC auskommt.

Bild 4.24 zeigt das ATEM 1 M/E Production Switcher Chassis. Das 2HE-19”-Gehäuse ist sehr flach und wird von einem großen Kühlkörper dominiert. Links vom Kühlkörper sind die Eingangsbuchsen, in denen sich vier HDMI- und vier SDI-Eingänge finden lassen. Parallel zum ersten HDMI-Eingang liegt noch ein analoger Komponenten-Eingang, sodass man eine analoge Quelle direkt anschließen kann. (Blackmagic Design hat eine Serie von günstigen Formatwandlern im Programm, mit deren Hilfe man dann weitere Quellen auf SDI wandeln könnte.)

Rechts vom Kühlkörper befinden sich die Ausgänge. Das sind zunächst Program und Preview sowie Aux1, Aux2 und Aux3 auf SDI. Die Aux-Ausgänge kann man mit allem Möglichen beschalten, gängige Anwendungen wären die Ausspielung von Eingangssignalen und ein sogenannter *Clean Feed*, also das *Program* Ausgangssignal ohne den Downstream Keyer und somit ohne Bauchbinde und Senderlogo.

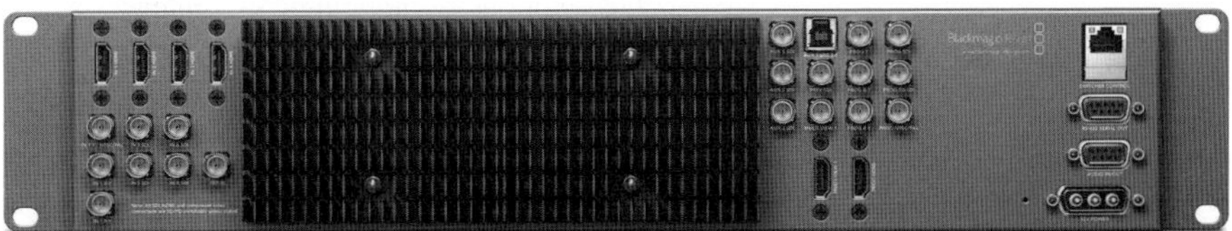

Bild 4.24: ATEM 1 M/E Production Switcher Chassis

Den Ausgang *Program* gibt es zusätzlich als analoges Komponentensignal, als HDMI-, als downkonvertiertes SD-SDI- und als analoges SD-Composite-Signal. Sowohl auf HDMI als auch auf SDI gibt es dann *Multi-View*, die Anzeige der acht Eingangssignale zuzüglich Program und Preview.

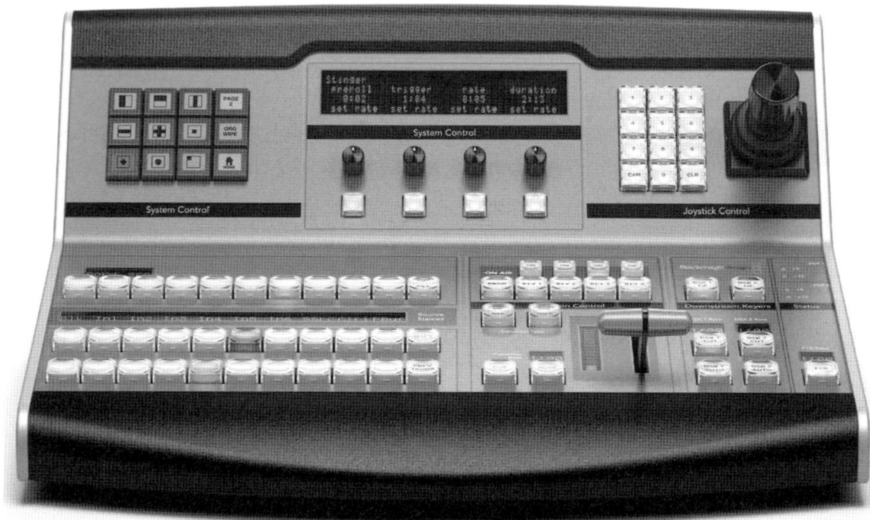

Bild 4.25: ATEM 1 M/E Production Switcher Remote Panel

Der ATEM 1 M/E Production Switcher beherrscht eine großer Vielfalt an Überblendeffekten sowie die üblichen Keying-Techniken (LumaKey, ChromaKey, LinearKey), zusätzliche Pattern-Keying sowie sogenannte DVE-Keying *(Digital Video Effect*), worüber sich PiP-Effekte erstellen lassen.

Ein über eine USB 3-Schnittstelle angeschlossener Rechner kann zudem diverse Messtechniken (Wafeform Monitor, Vectorscope etc.) bereitstellen.

Bild 4.26: ATEM 1 M/E Production Switcher Steuersoftware

4.2.7 Blackmagic Design ATEM Television Studio-Geräte

Inzwischen hat die Firma Blackmagic Design die nächste Generation von kompakten Bildmischern auf den Markt gebracht.

Bild 4.27 zeigt das Blackmagic Design ATEM Television Studio HD. Im Gegensatz zur vorherigen Generation gibt es nun eine Reihe von Bedienelementen auf der Vorderseite und zusätzlich einen winzigen Vorschau-Monitor. Im Regelfall wird man diesen Bildmischer mit einem Bedienpanel oder der entsprechenden Software bedienen. Es besteht jedoch auch die Möglichkeit, das Gerät „stand alone" zu verwenden, z. B. wenn es sehr schnell gehen muss, oder wenn in einer kleinen Regie (z. B. auf einer Messe) kaum Platz ist.

Das Gerät ist schmaler als 19" und lässt sich daher problemlos im Rucksack transportieren. Als Ergänzung zur vollen 19"-Baubreite bietet Blackmagic Design zwei weitere Geräte an: eines zur Aufzeichnung, das andere zur Wandlung nach USB

Bild 4.27: Blackmagic Design ATEM Television Studio HD

Bild 4.28: Kamera-Steuerung

2.0 (um den Ausgang des Bildmischers als WebCam einzubinden, z. B. um das Ergebnis zu streamen).

Die entsprechenden Geräte vorausgesetzt (siehe 2.5.9), lassen sich von diesem System inzwischen auch die Kameras fernsteuern. Bild 4.28 zeigt die entsprechende Seite auf der Steuer-Software. Die Bedienung ist ein wenig an das klassische *Remote Control Panel* angelehnt. Entsprechende Objektive vorausgesetzt, können darüber auch Zoom und Focus gesteuert werden, mit einem entsprechenden Schwenk-Neige-Kopf sogar Pan und Tilt. Die Steuersignale werden über die SDI-Leitung übertragen. Die aus historischen Gründen inzwischen unnötig breite Austastlücke bietet viel Raum, um weitere Daten unterzubringen.

Für diejenigen, die „Bedienung zum Anfassen" bevorzugen, gibt es ein Camera Control Panel zur Steuerung von vier Kameras, siehe Bild 4.29.

4.2.8 Wirecast

Das Produkt *Wirecast* der Firma *Telestream* ist eine reine Softwarelösung. Benötigt wird ein Computer (PC oder Mac), an den über USB und/oder FireWire Kameras angeschlossen werden. Daneben gibt es die Möglichkeit, mit dem sogenannten *DesktopPresenter* die Bildschirminhalte von anderen Rechnern über ein Netzwerk zu übertragen und als Videoquelle einzubinden. Die Pro-Version erlaubt zusätzlich die Einbindung einiger WebCams. Daneben lassen sich auch Videos und Bilder verwenden, die auf dem Rechner gespeichert sind. Als reine Softwarelösung ist

Bild 4.29: Camera Control Panel

Wirecast im Vergleich zu Hardware-Lösungen recht preisgünstig (derzeit 695 Dollar für die Normal- und 995 Dollar für die Pro-Version).

Das Bedienkonzept orientiert sich eher an Videoschnittprogrammen als an klassischen Bildmischern, was für eine PC-Lösung auch sachgerechter sein dürfte. Wirecast verfügt über fünf transparente Ebenen, die übereinander liegen, wobei die Bildinhalte auf oberen Ebenen die der darunterliegenden verdecken. So könnte

Bild 4.30: Wirecast Screenansicht

man z. B. auf der obersten Ebene das Senderlogo platzieren, auf Ebene zwei die Bauchbinde, danach das Kamerabild, auf Ebene vier einen Hintergrund für nicht formatfüllende Kamerabilder und auf Ebene fünf den Ton legen.

Bei der Ansicht mit zwei Bildschirmen sieht man links die Vorschau und rechts das gesendete Bild. Bei den Überblendungen besteht die Möglichkeit der sofortigen Ausführung, oder man bereitet auf allen Ebenen das neue Bild vor, um dann eine gemeinsame Überblendung durchzuführen. So würde man z. B. auf Ebene drei ein anderes Kamerabild und auf Ebene zwei die dazu passende Bauchbinde mit dem Namen des Redners vorbereiten, während das Senderlogo konstant bleibt.

Auf allen Ebenen kann man eine große Zahl sogenannter *Shots* vorbereiten, wobei aber auch Videoquellen nur ein Standbild zeigen. Ein Shot kann allerdings auch mehrere Kameras umfassen, womit die Möglichkeit besteht, Picture-in-Picture-Konstruktionen zu erstellen oder sich gar virtuelle Studios zu basteln.

Hauptzweck von Wirecast ist die Verbreitung von Videosignalen über einen Streaming-Server. Die Verbindungen zu etlichen kommerziellen Anbietern (justin.tv, livestream.com etc.) ist bereits vorbereitet, es lassen sich jedoch auch problemlos andere Server anbinden. Theoretisch lassen sich mehrere Streaming-Server parallel speisen, in der Praxis hat der Autor dabei allerdings massive Probleme mit Programmabstürzen erlebt. Eine gleichzeitige Aufzeichnung des Signals, auch in einem anderen Format, einer anderen Auflösung oder einer anderen Kom-

Bild 4.31: Wirecast-Bild basteln

pressionsrate funktioniert dagegen problemlos. Daneben kann das Signal auch noch auf einen vorhandenen zusätzlichen Videoausgang gelegt werden, z. B. dem Monitoranschluss an einem Notebook, und darüber dann einen Beamer speisen.

In der Praxis kämpft man bisweilen mit dem Problem, eine größere Anzahl von Videoquellen einzubinden. Nach der Erfahrung des Autors funktioniert eine Videoquelle auf USB und eine auf FireWire (sofern der Rechner diese Schnittstelle überhaupt noch hat). Mit einer zusätzlichen FireWire-Karte kann eine weitere Kamera angebunden werden (eine ausreichende Anzahl von Videoquellen mit FireWire-Anschluss vorausgesetzt). Sowohl FireWire als auch USB sind nicht für längere Leitungen ausgelegt, sodass man auf Analog-Digital-Wandler ausweichen muss und das Signal von der Kamera bis zum Rechner analog führt. Auch ist es nach der Erfahrung des Autors alles andere als gewährleistet, dass ein einmal funktionierendes Setup beim nächsten Mal auf Anhieb wieder so funktioniert.

Eine jedoch sehr praxistaugliche Lösung ist die Kombination aus einem analogen Bildmischer (siehe 4.2.1 und 4.2.2) zum Abmischen der analogen Quellen mit Wirecast zum Hinzufügen von Bauchbinden und Senderlogo sowie als Verbindung zum Streaming-Server und zum Aufzeichnen.

4.2.9 OBS Studio

Die Open-Source-Software *OBS (Open Broadcaster Software) Studio* hat sich inzwischen zu einem sehr ernstzunehmenden Konkurrenten von Wirecast entwickelt. Die Software ist – wie bei Open-Source-Software nicht anders zu erwarten – kostenlos und für die Betriebssysteme Linux, OSX und Windows verfügbar.

Ähnlich wie bei gängigen Videomischern gibt es links ein Vorschau- und rechts das Programmfenster. Im Vorschaufenster kann die einzelne Szene direkt bearbeitet (die einzelnen Teile positioniert und skaliert) werden, was das Handling enorm beschleunigt.

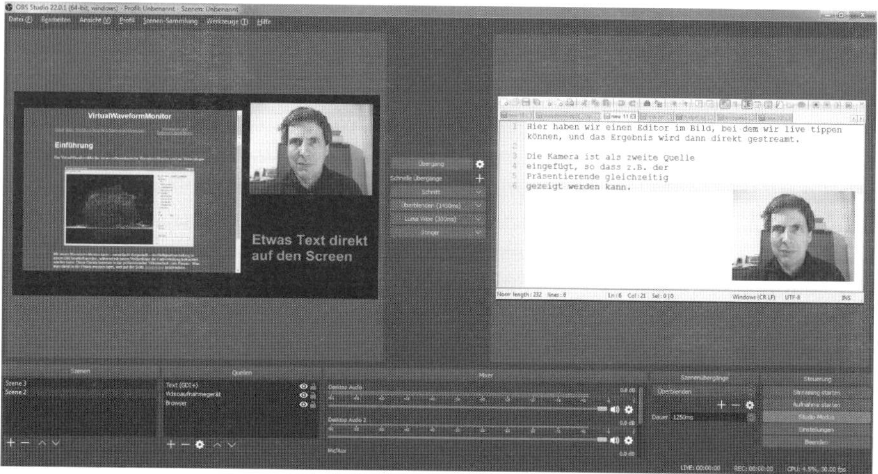

Bild 4.32: Programmfenster von OBS Studio

Die Software kommt aus dem Screencast-Bereich, also aus der Verbreitung von Bildschirminhalten, insbesondere dem „game streaming“. Entsprechend vielfältig sind die Möglichkeiten, Dinge vom Rechner in den Stream zu bekommen (siehe Bild 4.33). Kameras werden als *Videoaufnahmegerät* eingebunden.

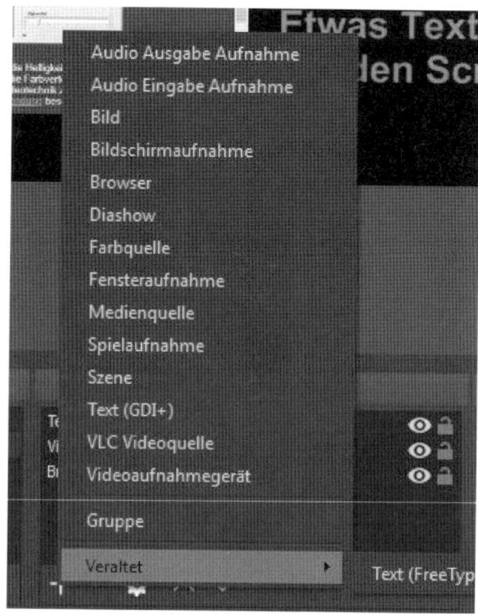

Bild 4.33: Ton- und Bildquellen

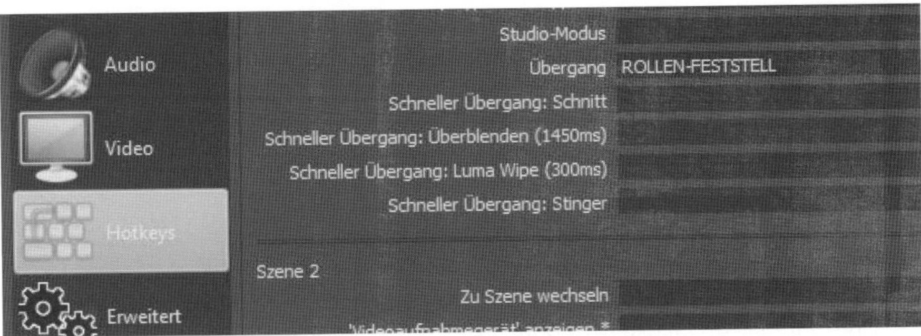

Bild 4.34: Umbelegung der sogenannten Übergangstaste

OBS Studio bietet die Möglichkeit, in einem Editor oder einer Textverarbeitung einen Text zu verfassen und diesen Vorgang live zu streamen. Hierbei wird schnell auffallen, dass die Belegung der Hotkeys für diesen Zweck recht ungünstig ist. Per Voreinstellung ist die sogenannte Übergangstaste, welche die vorbereitete Szene auf den Ausgang schaltet, die Leertaste, die beim Verfassen von Texten recht häufig verwendet wird. Da diese Taste auch dann diese Funktion ausübt, wenn gerade in einem anderen Programm gearbeitet wird, muss diese Belegung geändert werden (unter *Datei|Einstellungen* und dann links *Hotkeys)*.

Aus Erfahrungen heraus wird die so genannte Rollen-Taste quasi nie verwendet und eignet sich damit bestens für diese Aufgabe.

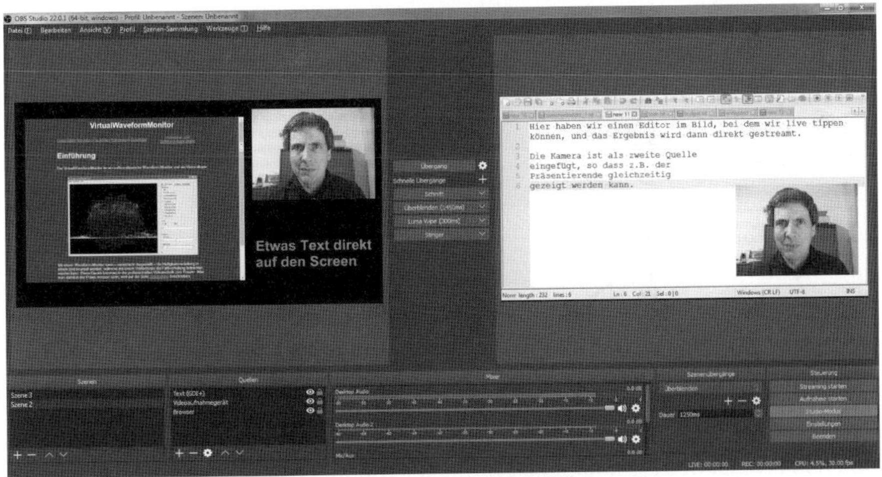

Bild 4.35: Multiviewer

Wenn mehrere Bildquellen im Blick behalten werden sollen, empfiehlt sich der Multiviewer. Hier findet man – wie man es von gängigen Bildmischern gewohnt ist – links oben das Vorschau- und rechts oben das Programmfenster. Darunter findet sich die Vorschau von bis zu acht Szenen. Wahlweise legt man den Multiviewer in ein eigenes Fenster oder auf einen kompletten Monitor.

4.3 Messtechnik

Das wichtigste „Messinstrument" in der Videotechnik ist der Monitor – man schaut sich das Signal einfach an. Dennoch gibt es etliche Sachverhalte, die man mit „richtiger" Messtechnik präziser erfassen kann.

4.3.1 Der Waveform-Monitor

Der Waveform-Monitor ist ein spezialisiertes Oszilloskop und zeigt demnach den Verlauf der Spannung über die Zeit an.

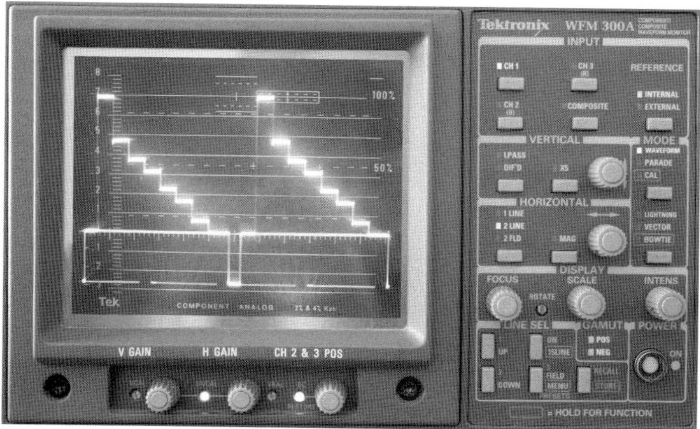

Bild 4.36: Waveform-Monitor

Bild 4.36 zeigt einen Waveform-Monitor der Firma Tektronix, der sich auch auf eine Vectorscope-Funktion umschalten lässt. Es finden sich hier etliche Bedienelemente, die auch in anderen Geräten vorhanden sind. Mit *Intensity* (hier abgekürzt *Intens*) regelt man die Helligkeit des Kathodenstrahls, während man mit *Scale* die Skalenbeleuchtung einstellt. Mit *Focus* wird der Strahl scharfgestellt und mit *Rotate* das Erdmagnetfeld kompensiert. Dieser Trimmer ist so einzustellen, dass die Null-Linie exakt waagerecht verläuft.

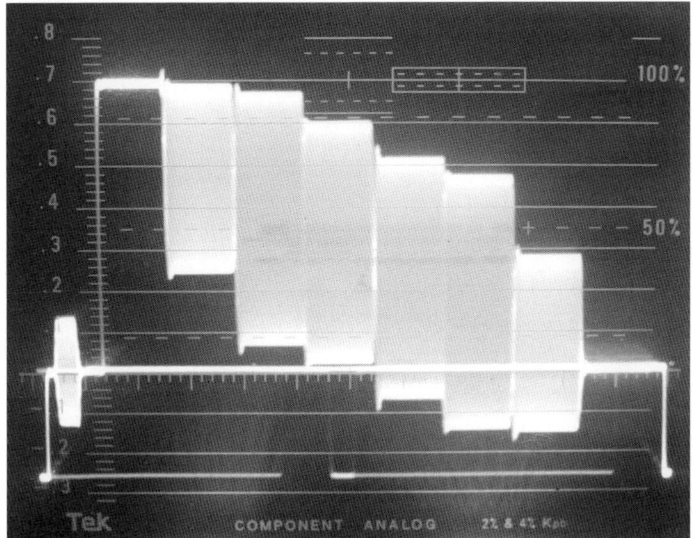

Bild 4.37: Composite-Signal

Das Waveform-Diagramm in Bild 4.36 zeigt von einem 100/75-Farbbalken das Luminanzsignal, also den Teil eines Komponentensignals als 2-Linien-Darstellung. Derselbe Farbbalken als Composite-Signal und in 1-Linien-Darstellung findet sich in Bild 4.37.

Die auf den Farbhilfsträger aufmodulierten Chrominanzsignale sind hier als weiße Flächen leicht zu erkennen. Links unten im Austastbereich findet man das Burst-Signal, mit dessen Hilfe der Farbhilfsträger moduliert wird. Bei genauer Betrachtung des Bildes kann festgestellt werden, dass die Linie des weißen Farbbalkens zwar exakt auf 100 % ist (darauf hat man nämlich *V Gain* eingestellt), dass aber die obere Kante des gelben und noch mehr die obere Kante des cyan Farbbalkens demgegenüber im Pegel abfallen – die Chrominanzpegel wären also im Pegel leicht zu erhöhen.

Möchte man die drei Bestandteile des Komponentensignals gleichzeitig darstellen, so kann man sie entweder übereinanderlegen – dann erkennen nur noch Spezialisten und auch nur bei Farbbalken etwas –, oder sie werden nebeneinander als Y-C_B-C_R-Parade dargestellt, siehe Bild 4.38.

Der Abgleich einer Signalkette oder das Angleichen mehrerer Kameras mittels eines Farbbalken-Signals setzt voraus, dass sich die verwendeten Geräte überhaupt entsprechend einstellen lassen. Bei Studio-Geräten ist dies der Fall, im

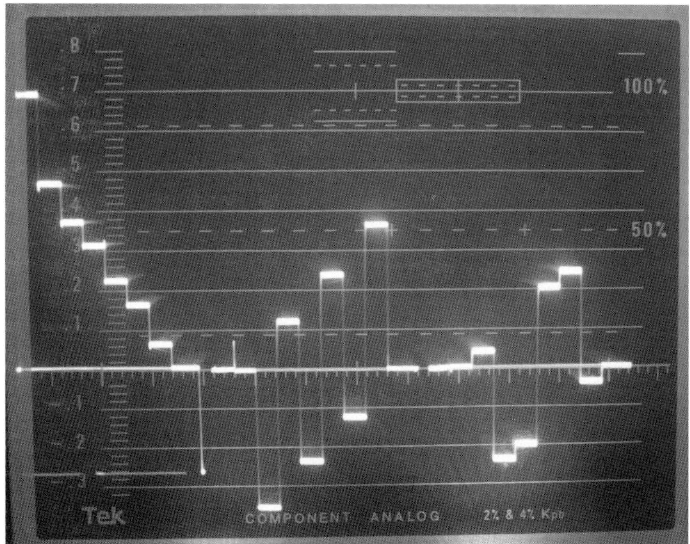

Bild 4.38: Y-C_B-C_R-Parade

semiprofessionellen Bereich wird es schon schwieriger und bei Consumer-Geräten lässt sich außer der Belichtung meist gar nichts einstellen.

Dennoch kann auch hier ein Waveform-Monitor von Nutzen sein, z. B. beim Angleichen von verschiedenen Kameras (meist auch unterschiedliche Modelle), die auf einer Veranstaltung gemeinsam genutzt werden.

4.3.2 Das Vectorscope

Das Vectorscope ist auch ein Oszilloskop, jedoch im XY-Betrieb. Hier wird C_B auf der Horizontalen und C_R auf der Vertikalen angezeigt. Vectorscope gibt es als eigenständige Geräte, aber auch als Kombinationsgerät zusammen mit einem Waveform-Monitor.

Bild 4.39 zeigt das Vector-Diagramm eines 100/75-Farbbalken-Signals auf einem Kombinationsgerät, bei dem die Zielmarken auch vom Kathodenstrahl geschrieben werden. Wie leicht zu erkennen ist, gehen die Punkte horizontal deutlich über die Zielmarken hinaus, das C_B-Signal hat also zu viel Pegel.

Hinweis: Bei einem maximal steilflankigen Signal gäbe es keine Linien zwischen den einzelnen Punkten. Je weicher die Signalflanken sind (also je geringer die Bandbreite der Signalkette), desto stärker sind die Verbindungslinien im Vergleich zu den Punkten.

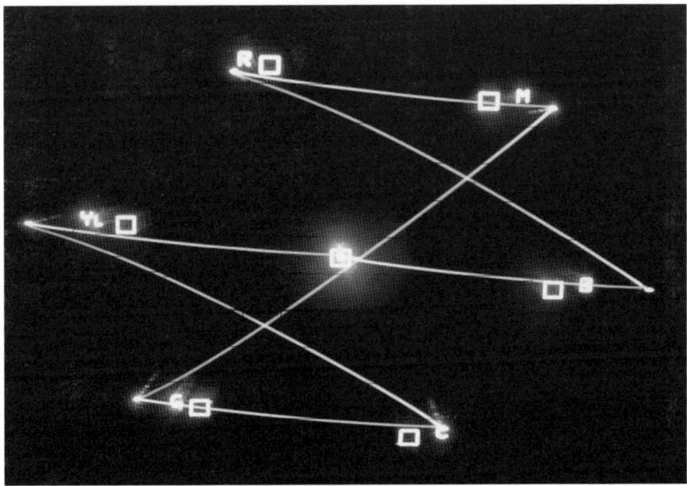

Bild 4.39: Vector-Diagramm

4.3.3 VirtualWaveformMonitor – ViWaMo

Der VirtualWaveformMonitor ist eine reine Softwarelösung. Das Video-Signal wird z. B. über einen USB-Videograbber auf den Rechner gebracht und über DirectX eingebunden. Der ViWaMo berechnet aus dem Bild verschiedene Darstellungen und zeigt diese an.

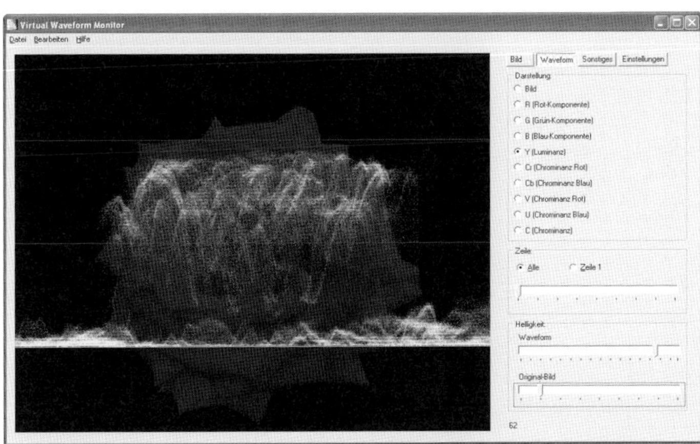

Bild 4.40: Waveform-Diagramm mit hinterlegtem Bild

Bild 4.40 zeigt die Waveform-Darstellung der Luminanz, gleichzeitig wurde zur Orientierung das Originalbild hinterlegt. Die Intensität der Waveform-Darstellung und die Intensität des hinterlegten Bildes lassen sich unabhängig voneinander regeln.

Der ViWaMo leitet die Diagramme direkt aus dem Bild ab, Synchronisations- und Burst-Signale werden somit nicht dargestellt. Zudem braucht man bei der Vector-Darstellung des Farbbalken-Signals keine „Verbindungslinien zwischen den Punkten" zu erwarten. Der ViWaMo ist somit weniger Messgerät als vielmehr ein günstiges Tool zur Angleichung verschiedener Kameras. Daneben lassen sich damit auch elektronische Bildverbesserungen wie die Kantenaufsteilung (siehe 2.5.5) recht zuverlässig detektieren. Sind Vorschaumonitoren nur in begrenzter Anzahl vorhanden, so lässt sich der ViWaMo auch dafür verwenden. Weitere Infos finden Sie unter www.viwamo.de.

5 Signalpräsentation

Das Mischen von Videosignalen in der Bildregie ist kein Selbstzweck, die Signale müssen dem Zuschauer sichtbar gemacht werden. Hier gibt es grundsätzlich zwei Varianten:

- Präsentation der Signale an Ort und Stelle, vor allem mittels Videobeamer, aber auch mittels Displays oder einer LED-Wand.
- Kabel- oder drahtgebundene Übertragung zum Zuschauer. Da Fernsehtechnik nicht Thema dieses Buches ist, wird hier vor allem die Übertragung über das Internet behandelt.

5.1 Videoprojektoren

Ein Videoprojektor – auch *Videobeamer* genannt – ist ein Projektor mit analogem und/oder digitalem Video- und/oder Dateneingang.

5.1.1 Bildwandler

Zentrales Bauelement eines Videoprojektors ist – wie bei einer Kamera – der Bildwandler. Hier sind verschiedene Verfahren üblich:

LCD-Projektoren

Die Projektion mittels Flüssigkristallanzeigen (*liquid crystal display*, kurz LCD) ist derzeit die gängigste Technologie. LCD-Displays kennt man von Displays in Computern, Fernsehern, Digitalkameras und ähnlichen Geräten. In einem Projektor werden sie mit einer kräftigen Lampe durchleuchtet und das entstehende Bild mittels eines Objektivs auf die Projektionsfläche projiziert.

Einfache Geräte arbeiten mit nur einem, jedoch farbigen LCD-Element. Die Farben werden hier aus Grundfarben gemischt, die nebeneinander liegen, was zu einem gröberen Bildeindruck führt. Bessere Geräte arbeiten mit mindestens drei LCD-Elementen (für jede der drei Grundfarben eines), die dann mittels eines Prismas oder eines dichroitischen Spiegels zusammengeführt werden. Für einen besseren Farbeindruck werden bisweilen mehr als drei LCD-Elemente eingesetzt.

Während bei LCD-Displays große Flächen mit einem vergleichsweise geringen Lichtstrom durchleuchtet werden, sind bei Projektoren die Displayflächen recht klein und der Lichtstrom recht hoch. LCD-Elemente sind Absorber, d.h. die Lichtanteile, die nicht im Bild erwünscht sind, werden in Wärme umgewandelt und heizen das LCD-Element auf. Dieses muss daher zwingend gekühlt werden.

Eine solche Kühlung führt zu einigen schwerwiegenden Nachteilen: Zunächst einmal verursacht sie Geräusche, die sich in den unteren Leistungsklassen jedoch inzwischen recht gut vermindern lassen. Sie verhindert auch, dass man die optische Einheit hermetisch abkapseln kann – alles, was in der Lüftungsluft enthalten ist (Staub, Rauch etc.), wird durch die optische Einheit geblasen und lagert sich dort ab.

Trotz Kühlung unterliegen LCD-Elemente einer ziemlichen Alterung: Die Farben bleichen aus und das Bild wird insgesamt dunkler. LCD-Elemente in Projektoren unterliegen auch dem Effekt des Einbrennens: Die Bildpunkte, die dunklere Farben oder gar Schwarzanzeigen, heizen sich stärker auf und altern damit schneller (sie werden also dunkler). Solange alle Bildpunkte halbwegs gleichmäßig beansprucht werden, ist das kein größeres Problem. Wird jedoch häufig dasselbe Muster projiziert (z. B. die Symbolleiste desselben Computerprogramms), so wird dieses Muster mit der Zeit auch dann erkennbar, wenn eine weiße oder helle Vollfläche projiziert wird.

Wegen dieses Alterungsprozesses werden LCD-Projektoren, wenn es sich organisatorisch verwirklichen lässt, nach folgendem Lebenszyklus eingesetzt:

- Zunächst erfolgt der Einsatz in der Videoprojektion. Da Videobilder einen vergleichsweise geringen Kontrast aufweisen, braucht man eine höhere Lichtleistung. Zudem ist hier eine Farbtreue in der Wiedergabe wichtig. Da Videobilder keine stets wiederkehrenden Strukturen (an exakt derselben Stelle) haben, entstehen auch keine Probleme mit dem Einbrennen.
- Nach vielleicht 1 000 Betriebsstunden wechselt das Gerät in die Datenprojektion. PowerPoint-Folien weisen im Normalfall einen deutlich größeren Kontrast auf als Videobilder, sodass man hier mit geringeren Lichtleistungen auskommt und mit Geräten arbeiten kann, die bereits ein wenig gealtert sind. Ebenso kann man ein gewisses Ausbleichen der Farben hinnehmen.
- Ist das Gerät für die Datenprojektion nicht mehr im professionellen Umfeld einsetzbar, wird es dem nächsten Jugendzentrum gespendet oder über ein Online-Auktionshaus als Gebrauchtgerät veräußert.

DLP-Projektoren

Die Abkürzung DLP steht – relativ nichtssagend – für Digital Light Processing. Dahinter steht eine Technologie, bei der mittels vieler kleiner Spiegel (einer pro Bildpunkt) der Lichtstrahl entweder in Richtung des Objektivs oder davon weg gelenkt wird. Da diese Spiegel „digital“ arbeiten, also nur „ein“ und „aus“ kennen, müssen Graustufen dadurch realisiert werden, dass mit hoher Frequenz zwischen ein und aus umgeschaltet wird.

Da diese Kleinstspiegel (*micromirror*) das Licht nicht absorbieren, sondern reflektieren, heizen sie sich sehr viel weniger auf als ein LCD-Element. Folglich kann die gesamte optische Einheit hermetisch abgeriegelt werden, sodass Staub und Rauch keine Rolle mehr spielen.

DLP-Elemente beeinflussen nur die Helligkeit, nicht die Farbe. Professionelle Geräte arbeiten mit drei DLP-Chips, eines für jede Grundfarbe, deren Strahlengänge dann mittels dichroitischer Spiegel zusammengeführt werden. Consumer-Geräte arbeiten oft mit nur einem DLP-Chip. Hier wird mittels eines schnell laufenden Farbrades das Licht periodisch eingefärbt und verschiedenfarbige Bilder schnell hintereinander projiziert. Durch die Trägheit des Auges entsteht trotzdem ein „stehendes" mehrfarbiges Bild. Neuere DLP-Projektoren schalten auch verschiedenfarbige LEDs schnell um, sodass keine Geräuschentwicklung durch das Farbrad entsteht.

DLP-Projektoren kennen kein Einbrennen und weisen einen höheren Kontrast als LCD-Projektoren auf. Dafür sind sie LCD-Projektoren bei der Farbtreue unterlegen, insbesondere Geräte mit nur einem DLP-Chip. DLP-Chips sind auch langlebiger als LCD-Elemente und die Pixelstruktur tritt weniger stark in Erscheinung.

LED-Projektoren

LED-Projektoren passen eigentlich nicht in die Systematik, da die Leuchtdiode (*light emitting diode*, LED) nicht als Bildwandler, sondern als Lichtquelle eingesetzt wird. „Klassische" Projektoren – egal, ob LCD oder DLP – arbeiten mit einer sogenannten Metalldampflampe als Lichtquelle.

Solche Metalldampflampen haben im Vergleich zu den im Haushalt üblichen Glühlampen einen höheren Wirkungsgrad (mehr Licht bei gleicher Leistung) und eine höhere Farbtemperatur (höherer Blauanteil). Sie erzeugen jedoch noch immer viel Abwärme (und benötigen somit einen Lüfter). Zudem haben sie einen Einschaltvorgang, in dessen Verlauf sie zunehmend heller werden – in den ersten Sekunden nach dem Einschalten liefern sie gar kein Bild. Außerdem müssen sie in den meisten Geräten zunächst abkühlen, bevor sie sich erneut zünden lassen.

Leuchtdioden haben einen noch höheren Wirkungsgrad als Metalldampflampen, sodass sie mit geringerer Lüfterleistung auskommen (und somit weniger Geräusche verursachen) oder sich gar passiv (also lautlos) kühlen lassen. Leuchtdioden haben keinen Einschaltvorgang und lassen sich beliebig an- und abschalten. Soll gerade kein Bild projiziert werden, schaltet man die Lichtquelle einfach ab, während man sie bei Metalldampflampen wegen des langen Einschaltvorgangs weiterbetreiben muss. Ein schwarzes Bild würde das LCD-Element besonders stark aufheizen und altern lassen.

Leuchtdioden erreichen noch nicht den Lichtstrom von Metalldampflampen, sodass derzeit nur LED-Projektoren geringerer Leistung gebaut werden können. Durch ihren Größenvorteil ermöglichen Leuchtdioden jedoch neuerdings den Bau von Beamern im Kleinleistungsbereich, z. B. „Hosentaschen-Beamer" oder in Videokameras eingebaute Beamer.

Röhren-Projektoren

Röhren-Projektoren spielen in der Praxis keine große Rolle mehr, da ihre Lichtleistung begrenzt und die Einrichtung sehr aufwändig ist.

Laser-Projektoren

In Laser-Projektoren wird ein Laserstrahl über zwei Spiegel abgelenkt und beschreibt so eine Fläche. Ähnlich wie bei Röhren-Projektoren ist hier die Lichtleistung begrenzt. Laser-Projektoren müssen jedoch nicht scharf gestellt werden, da der Strahl – egal, auf welche Entfernung – immer scharf ist. Somit ist auch eine scharfe Projektion auf eine beliebige Fläche möglich. Der Betrieb von Laser-Projektoren benötigt einen Laserschutzbeauftragten.

5.1.2 Das Objektiv

Abgesehen von Laser-Projektoren erfordert ein Video-Projektor ein Objektiv, um das erzeugte Bild scharf und in der gewünschten Größe auf die Projektionsfläche zu bringen.

Festbrennweite oder Zoom

Objektive werden entweder als Festbrennweiten- oder als Zoom-Objektiv gebaut. Projektor-Objektive machen hier keine Ausnahme. Im Gegensatz zu Kameraobjektiven haben Zoom-Objektive einen recht kleinen Zoom-Bereich, der bisweilen allenfalls dazu geeignet ist, kleinere Ungenauigkeiten bei der Gerätepositionierung zu kompensieren. Während Zoom-Objektive bei Videokameras ein Zoom-Verhältnis von 10-fach bis 20-fach haben, liegen Video-Objektive oft im Bereich von 1,3-fach.

Während man bei einem Kamerazoom fast immer die geeignete Brennweite dabei hat, muss man sich bei Projektionsobjektiven vorher überlegen, was man braucht (es sei denn, man führt stets einen gut sortierten Objektivkoffer mit). Um hier einfacher rechnen zu können, arbeitet man bei Projektions-Objektiven nicht mit Brennweiten (die natürlich auch angegeben werden), sondern mit Projektionsverhältnissen. Das Projektionsverhältnis p (siehe Bild 5.1) ist als Quotienten aus Abstand a zur Projektionsfläche geteilt durch Breite b des Bildes definiert.

$$p = \frac{a}{b}$$

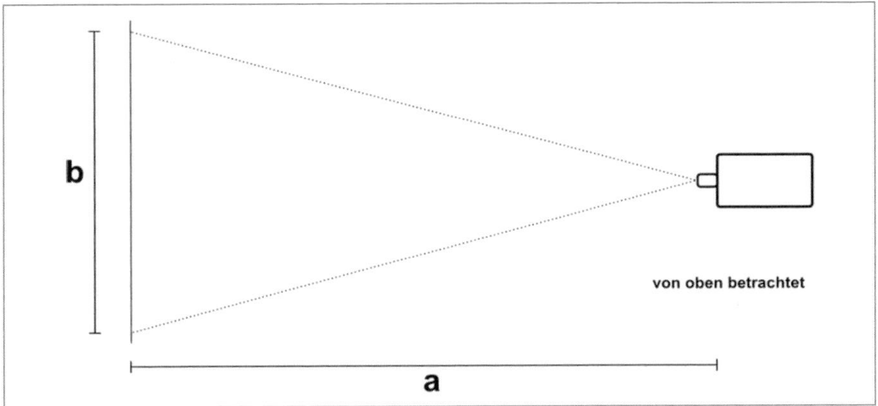

Bild 5.1: Definition des Projektionsverhältnisses

Weist ein Zoom-Objektiv z. B. das Projektionsverhältnis 3,41 – 4,60: 1 auf, dann würde die Bildbreite b bei einem Projektionsabstand a von 6 m in folgendem Bereich liegen:

$$b = \frac{a}{p}$$

$$b_1 = \frac{6\,m}{3,41} = 1,76\,m$$

$$b_1 = \frac{6\,m}{4,60} = 1,30\,m$$

Möchte man mit diesem Objektiv auf eine Bildbreite b von 3 m kommen, dann müsste der Projektionsabstand a in folgendem Bereich liegen:

$$a = b \cdot p$$

$$a_1 = 3\,m \cdot 3,41 = 10,23\,m$$

$$a_2 = 3\,m \cdot 4,60 = 13,8\,m$$

Für ein schnelles Überschlagen des Projektionsverhältnisses dient das Diagramm in Bild 5.2:

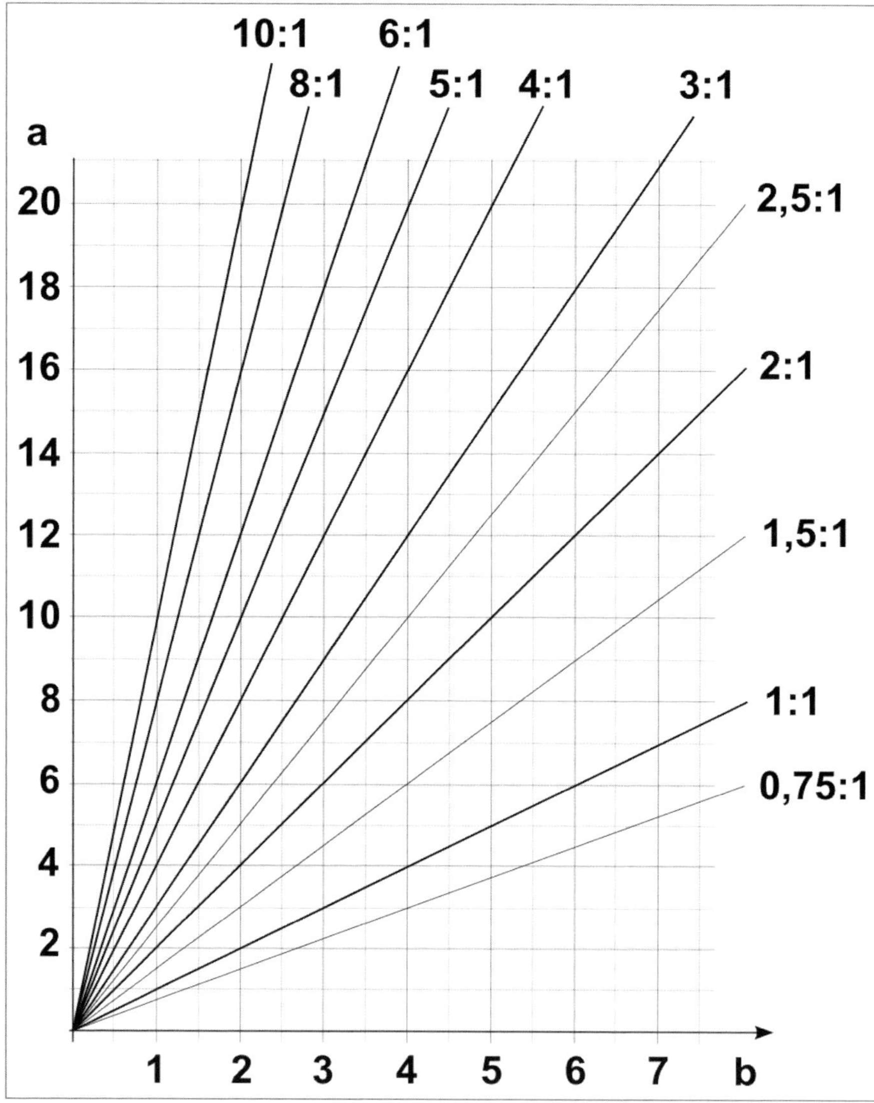

Bild 5.2: Diagramm des Projektionsverhältnisses

Aus der Breite b des Bildes kann mittels des Seitenverhältnisses AR (für engl. *aspect ratio*) dessen Höhe 4 berechnet werden:

$$AR = \frac{b}{h}$$

Üblich sind insbesondere die Seitenverhältnisse 4:3 und 16:9. Bei einer Bildbreite von 3 m würden sich dann folgende Bildhöhen berechnen:

$$h = \frac{b}{AR}$$

$$h_{4:3} = \frac{3\,m}{1{,}33} = 2{,}25\,m$$

$$h_{169} = \frac{3\,m}{1{,}77} = 1{,}69\,m$$

Tabelle 5.1: Bildhöhe in Abhängigkeit von Seitenverhältnis und Bildbreite (fortgesetzt)

(Bildhöhe)	**5:4**	**4:3**	**16:10**	**5:3**	**16:9**
Breite	**1,2**	**1,333**	**1,6**	**1,666**	**1,777**
1	0,8	0,75	0,625	0,6	0,5625
1,5	1,2	1,125	0,9375	0,9	0,84375
2	1,6	1,5	1,25	1,2	1,125
2,5	2	1,875	1,5625	1,5	1,40625
3	2,4	2,25	1,875	1,8	1,6875
3,5	2,8	2,625	2,1875	2,1	1,96875
4	3,2	3	2,5	2,4	2,25
4,5	3,6	3,375	2,8125	2,7	2,53125
5	4	3,75	3,125	3	2,8125
5,5	4,4	4,125	3,4375	3,3	3,09375
6	4,8	4,5	3,75	3,6	3,375
6,5	5,2	4,875	4,0625	3,9	3,65625
7	5,6	5,25	4,375	4,2	3,9375
7,5	6,0	5,625	4,6875	4,5	4,21875
8	6,4	6	5	4,8	4,5

(Bildhöhe)	5:4	4:3	16:10	5:3	16:9
Breite	**1,2**	**1,333**	**1,6**	**1,666**	**1,777**
8,5	6,8	6,375	5,3125	5,1	4,78125
9	7,2	6,75	5,625	5,4	5,0625
9,5	7,6	7,125	5,9375	5,7	5,34375
10	8	7,5	6,25	6	5,625

Fokus

Bei einer herkömmlichen Projektion ist die Abbildung nur für eine Entfernung exakt scharf, weshalb die Projektion fokussiert, also scharfgestellt werden muss. Der Einstellbereich ist hier deutlich weiter als beim Zoom. Es gibt eine kürzeste Projektionsentfernung (die in der Praxis fast immer ausreichend ist) und alle Entfernungen größer dieses Minimums lassen sich exakt scharfstellen.

Bei einfachen Projektoren wird der Fokus manuell eingestellt, bei besseren Geräten lässt er sich mit der Fernbedienung elektrisch verstellen. Letzteres hat den Vorteil, dass bei Deckenmontage die Abbildung ohne größeren Aufwand scharfgestellt werden kann.

Lensshift und Keystone

Mit *Lensshift* und *Keystone* sollen sogenannte Trapezverzerrungen ausgeglichen werden. Wie solche Verzerrungen entstehen, zeigt Bild 5.3.

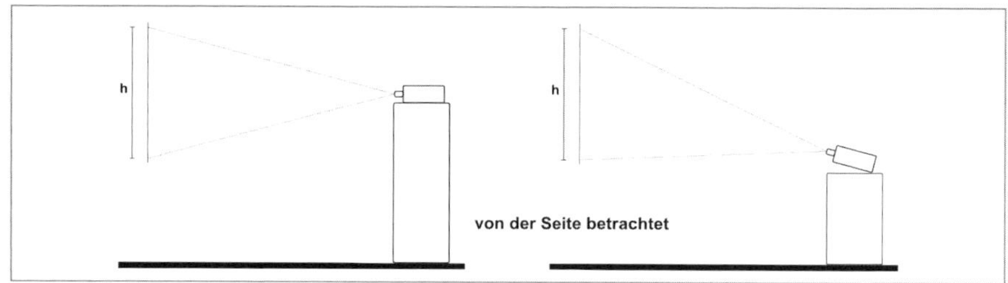

Bild 5.3: Entstehung von Trapezverzerrungen

Auf der linken Seite von Bild 5.3 ist eine Projektion zu sehen, bei der senkrecht zur Leinwandmitte projiziert wird. Hier treten solche Trapezverzerrungen (bei einem normalen Objektiv) nicht auf. Das Problem bei dieser Projektor-Position ist, dass der Projektor und dessen Halterung im Sichtfeld der Zuschauer ist. Bringt man den Projektor hinten im Raum an, hat man üblicherweise Personen im Strahlengang und somit deren Schatten im Bild.

Auf der rechten Seite wird der Projektor nun tiefer aufgestellt – zum Beispiel auf dem Tisch eines Konferenzraums – und entsprechend angekippt. Das hat jedoch zur Folge, dass der Abstand der unteren Projektionswandkante deutlich geringer ist als der Abstand der oberen Kante zum Objektiv. Je größer der Abstand, desto größer wird das Bild, und somit ist das Bild an der oberen Kante größer als an der unteren.

Bild 5.4: Trapezförmige Projektion eins Rechtecks

Die Folge ist eine Projektion, die nicht mehr rechteckig, sondern trapezförmig ist, siehe Bild 5.4 links. Um diesen Effekt zu verhindern, können solche sogenannten Trapezverzerrungen optisch oder elektronisch ausgeglichen werden. Projiziert man zusätzlich noch seitlich schräg, dann sieht die Projektion so aus wie in Bild 5.4 rechts.

Die elektronische Korrektur nennt man analog zum englischen Begriff für Trapez *Keystone*-Korrektur. Dabei werden – ähnlich wie in einem Scaler – die Bildproportionen umgerechnet, wobei an der unteren Kante das Bild unverändert gelassen und es mit zunehmender Höhe immer weiter zusammengeschoben wird. Eine solche Keystone-Korrektur ist meist in beiden Dimensionen einstellbar, damit auch eine in beiden Dimensionen nicht-senkrechte Projektion geradegezogen werden kann.

Die elektronische Korrektur reduziert die verfügbare Auflösung. Teile des Bildes müssen dunkel gelassen werden, was aber gerade bei LCD-Projektoren nicht vollständig funktioniert. Außerdem verschlechtert sich durch die Umrechnung die Bildqualität. Mit hochwertigen Scalern kann man diesen Effekt zwar gering halten, dann jedoch wird die Berechnung aufwendig und somit teuer, sodass man gleich zur optischen Korrektur greifen könnte. Keystone-Korrektur hat im unteren Preissegment seine Berechtigung, im professionellen Bereich sollte man jedoch zur optischen Korrektur greifen.

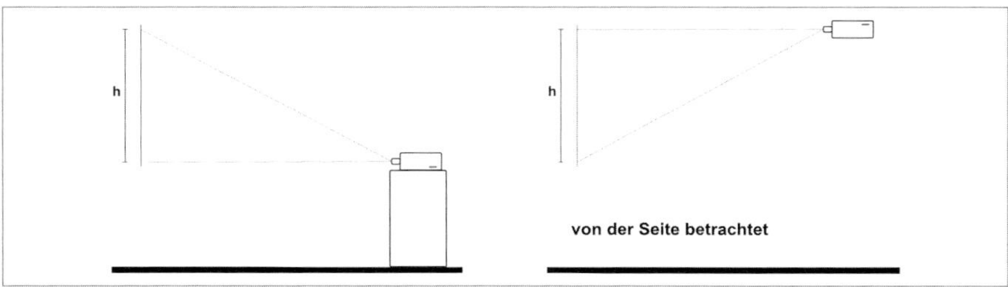

Bild 5.5: Fixer Lensshift von 50 % nach oben

Die optische Korrektur wird Lensshift (oder *lens shift*) genannt, weil dabei das Objektiv relativ zum Bildwandler verschoben wird (in der Praxis bleibt meist das Objektiv unverändert und der Bildwandler wird verschoben). Der Projektor wird dabei senkrecht zur Projektionsfläche aufgestellt. Mittels Lensshift wird das projizierte Bild nun in die gewünschte Richtung verschoben. Das gibt es als fixen und als einstellbaren Lensshift.

Ein fixer Lensshift ist vor allem als 50 %-Shift nach oben gebräuchlich, siehe Bild 5.5. Man stellt dabei das Gerät waagerecht auf einen Tisch – die Unterkante der Projektionsfläche ist dann exakt auf Höhe des Objektivs. Das Bild ist um eine halbe Projektionshöhe nach oben verschoben, entsprechend spricht man von einem Lensshift von 50 %. Für eine Deckenmontage dreht man das Gerät auf den Kopf, sodass die Oberkante der Projektionsfläche auf Höhe des Objektivs liegt. Wenn man hier ein wenig tiefer kommen möchte, nutzt man einfach eine entsprechende Deckenhalterung.

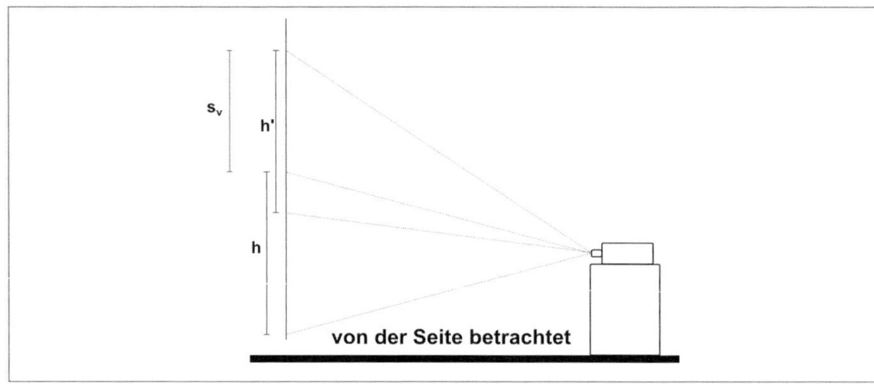

Bild 5.6: Definition des Shiftgrades

Flexibler ist man natürlich, wenn man den Lensshift frei einstellen kann, zumindest vertikal, nach Möglichkeit auch noch horizontal. Bild 5.6 zeigt dabei, wie der Shiftgrad ermittelt wird. Ausgehend von einer senkrechten Projektion wird die Projektion von h nach h' um die Strecke s_h verschoben. Dann berechnet sich der vertikale Lensshift LS_v wie folgt:

$$LS_v = \frac{100\,\% \cdot s_v}{h}$$

Angenommen, bei einer Bildhöhe von 2,25 m wird das Bild um 1,5 m nach oben geschoben, dann wäre der vertikale Lensshift

$$LS_v = \frac{100\,\% \cdot 1{,}5}{2{,}25} = 66{,}7\,\%$$

Analog dazu berechnet sich der horizontale Lensshift LS_h als Verhältnis aus horizontaler Verschiebung und Bildbreite. Dabei ist zu beachten, dass bei den meisten Objektiven nicht gleichzeitig der maximale vertikale und der maximale horizontale Shift möglich ist. Bei den meisten Beamern wird *Lensshift* motorisch eingestellt.

5.1.3 Der Lichtstrom

Der Lichtstrom ist ein Maß für die Helligkeit des Projektors und wird in Lumen gemessen. Dabei wird üblicherweise ein Messverfahren verwendet, das die amerikanische Standardisierungsorganisation ANSI genormt hat. In der Praxis wird der Lichtstrom nach diesem Messverfahren in „ANSI-Lumen" angegeben.

ANSI-Lumen

Der Lichtstrom Φ ist definiert als Integral der Lichtstärke im sichtbaren Bereich über den Raumwinkelbereich und wird in Lumen gemessen. (Zur Abgrenzung: Elektriker der „alten Schule" bezeichnen Einphasen-Wechselstrom bisweilen als *Lichtstrom* und Dreiphasen-Drehstrom als *Kraftstrom*. Dieser *Lichtstrom* ist hier nicht gemeint.)

In der Anfangszeit der Projektionstechnik haben die meisten Hersteller die Beleuchtungsstärke in der Projektionsmitte gemessen und über die Projektionsfläche den Lichtstrom berechnet. Nun kann man Objektive so bauen, dass sie die Projektionsfläche eher gleichmäßig bestrahlen, aber auch so, dass sie das Licht primär im Zentrum bündeln. Das hier skizzierte „Messverfahren" zielt auf letztere Objektive ab. Bald kam der Wunsch nach einem Messverfahren auf , das auch die Gleichmäßigkeit der Beleuchtungsstärke berücksichtigt. Ein solches Messverfahren wurde von der amerikanischen Standardisierungsorganisation ANSI genormt.

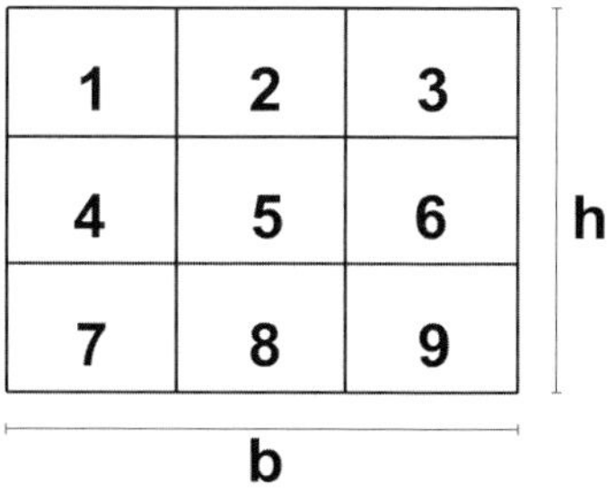

1	2	3
4	5	6
7	8	9

h

b

Bild 5.7: Ermittlung des „ANSI-Lumens“

800 lx	900 lx	800 lx
900 lx	1000 lx	900 lx
800 lx	900 lx	800 lx

Bild 5.8: Beispiel für die Lichtstromberechnung

Zu diesem Zweck wird der Projektor zunächst so eingestellt, dass vor einem weißen Hintergrund ein 5 %-Graufeld von einem 10 %-Graufeld unterschieden werden kann. Dann wird die Projektionsfläche in neun gleich große Rechtecke eingeteilt (siehe Bild 5.7) und bei einem Weißbild in der Mitte jedes dieser Rechtecke die Beleuchtungsstärke E in Lux gemessen. Zur Berechnung des Lichtstroms wird nun der Mittelwert aus diesen neun Messungen mit der Projektionsfläche multipliziert.

$$\varnothing = \frac{\sum_{n=1..9} E_n}{9} \cdot b \cdot h$$

Am Beispiel von Bild 5.8 soll das kurz durchgerechnet werden. Die Breite sei 4 m, die Höhe 3 m.

$$\varnothing = \frac{4 \cdot 800\,\text{lx} + 4 \cdot 900\,\text{lx} + 1000\,\text{lx}}{9} \cdot 4\,\text{m} \cdot 3\,\text{m} = 10\,400\,\text{lm}_{\text{ANSI}}$$

Kontrastverhältnis

Als Kontrastverhältnis K bezeichnet man den Quotienten aus der Beleuchtungsstärke des Weißwertes E_W und der Beleuchtungsstärke des Schwarzwertes E_S. In Datenblättern sieht man hier Werte bis hin zu mehreren tausend bei DLP-Projektoren. Dies spielt jedoch in der Praxis so gut wie keine Rolle, da die Beleuchtungsstärke des Schwarzwertes maßgeblich von der Umgebungshelligkeit E_U abhängt. Mit der Ausnahme der gut abgedunkelten Räume (Kino) kann die Beleuchtungsstärke des Schwarzwertes komplett ignoriert werden.

$$K = \frac{E_W}{E_S} \approx \frac{E_W}{E_U}$$

Der erste Schritt bei der Projektor-Planung ist somit, belastbare Werte über die Umgebungshelligkeit zu bekommen. Tabelle 5.2 kann hier einen ersten Anhalt bieten.

Tabelle 5.2: Beleuchtungsstärken

E [lx]	Quelle
0,0003	mondlose Nacht
0,2	Nacht bei Vollmond
1	Notbeleuchtung
3	Grenze der Farbwahrnehmung
50	Flurbeleuchtung
200–2 000	Arbeitsplatzbeleuchtung, abhängig von der Aufgabe, siehe auch DIN EN 12464-Reihe
1 500	Himmel bedeckt im Winter
8 000	Himmel bedeckt im Sommer
10 000	Sonnenlicht im Winter
100 000	Sonnenlicht im Sommer

Bei kontrastreichen Vorlagen (Schwarz-Weiß-Präsentation mit ausreichend großer Schrift) sollte der Kontrast mindestens 2 betragen, bei Videoprojektionen und farbig gestalteten Präsentationen mindestens 5.

Nimmt man an, man hat einen kaum abgedunkelten Konferenzraum mit einer Beleuchtungsstärke von 500 lx und fordert ein Kontrastverhältnis von mindestens 5. Wie groß darf dann die Projektionsfläche sein, wenn ein Projektor mit einer Lichtleistung von 5 000 lm zur Verfügung steht?

Zunächst wird die erforderliche Beleuchtungsstärke des Weißwertes berechnet:

$$E_w = E_U \cdot K = 500\,\text{lx} \cdot 5 = 2500\,\text{lx}$$

Daraus kann nun die maximale Fläche berechnet werden:

$$\emptyset = E \cdot A$$

$$\Rightarrow A = \frac{\emptyset}{E_w} = \frac{5000\,\text{lm}}{2500\,\text{lx}} = 2\,\text{m}^2$$

Aus der maximalen Fläche kann man nun die Breite berechnen, abhängig davon, ob das Seitenverhältnis 4:3 oder 16:9 beträgt:

$$A = b \cdot h = b \cdot b \cdot \frac{3}{4}$$

$$\Rightarrow b_{4:3} = \sqrt{\frac{4}{3} \cdot A} = \sqrt{2,667\,m^2} = 1,63\,m$$

$$b_{16:9} = \sqrt{\frac{16}{9} \cdot A} = \sqrt{3,55\,m^2} = 1,89\,m$$

Als Gesamtformel würde das wie folgt aussehen:

$$b_{4:3} = \sqrt{\frac{4 \cdot \emptyset}{3 \cdot E_U \cdot K}}$$

$$b_{16:9} = \sqrt{\frac{16 \cdot \emptyset}{9 \cdot E_U \cdot K}}$$

Zur Orientierung werden in den Tabellen 5.3 und 5.4 die möglichen Projektionsbreiten in Abhängigkeit von Lichtstrom des Projektors (senkrecht) und der Beleuchtungsstärke des Umgebungslichtes (waagerecht) dargestellt.

Tabelle 5.3: Mögliche Projektionsbreiten bei einem Kontrastfaktor von 2 und einem Seitenverhältnis von 4:3, in Abhängigkeit vom Lichtstrom des Projektors (vertikal) und der Umgebungshelligkeit (horizontal). (Bei einem Seitenverhältnis von 16:9 wäre der Kontrast dann 2,67.) (fortgesetzt)

	100 lx	**200 lx**	**300 lx**	**400 lx**	**500 lx**	**600 lx**	**700 lx**	**800 lx**
1000 lm	2,58	1,83	1,49	1,29	1,15	1,05	0,98	0,91
1200 lm	2,83	2,00	1,63	1,41	1,26	1,15	1,07	1,00
1500 lm	3,16	2,24	1,83	1,58	1,41	1,29	1,20	1,12
2000 lm	3,65	2,58	2,11	1,83	1,63	1,49	1,38	1,29
3000 lm	4,47	3,16	2,58	2,24	2,00	1,83	1,69	1,58
4000 lm	5,16	3,65	2,98	2,58	2,31	2,11	1,95	1,83
5000 lm	5,77	4,08	3,33	2,89	2,58	2,36	2,18	2,04
6000 lm	6,32	4,47	3,65	3,16	2,83	2,58	2,39	2,24

	100 lx	200 lx	300 lx	400 lx	500 lx	600 lx	700 lx	800 lx
8 000 lm	7,30	5,16	4,22	3,65	3,27	2,98	2,76	2,58
10 000 lm	8,16	5,77	4,71	4,08	3,65	3,33	3,09	2,89
12 000 lm	8,94	6,32	5,16	4,47	4,00	3,65	3,38	3,16
15 000 lm	10,00	7,07	5,77	5,00	4,47	4,08	3,78	3,54

Tabelle 5.4: Mögliche Projektionsbreiten bei einem Kontrastfaktor von 5 und einem Seitenverhältnis von 4:3, in Abhängigkeit vom Lichtstrom des Projektors (vertikal) und der Umgebungshelligkeit (horizontal). (Bei einem Seitenverhältnis von 16:9 wäre der Kontrast dann 6,67.)

	100 lx	200 lx	300 lx	400 lx	500 lx	600 lx	700 lx	800 lx
1 000 lm	1,63	1,15	0,94	0,82	0,73	0,67	0,62	0,58
1 200 lm	1,79	1,26	1,03	0,89	0,80	0,73	0,68	0,63
1 500 lm	2,00	1,41	1,15	1,00	0,89	0,82	0,76	0,71
2 000 lm	2,31	1,63	1,33	1,15	1,03	0,94	0,87	0,82
3 000 lm	2,83	2,00	1,63	1,41	1,26	1,15	1,07	1,00
4 000 lm	3,27	2,31	1,89	1,63	1,46	1,33	1,23	1,15
5 000 lm	3,65	2,58	2,11	1,83	1,63	1,49	1,38	1,29
6 000 lm	4,00	2,83	2,31	2,00	1,79	1,63	1,51	1,41
8 000 lm	4,62	3,27	2,67	2,31	2,07	1,89	1,75	1,63
10 000 lm	5,16	3,65	2,98	2,58	2,31	2,11	1,95	1,83
12 000 lm	5,66	4,00	3,27	2,83	2,53	2,31	2,14	2,00
15 000 lm	6,32	4,47	3,65	3,16	2,83	2,58	2,39	2,24

5.1.4 Projektoren in der Praxis

In der Praxis unterscheidet man primär zwischen Projektoren mit eingebautem Objektiv und solchen, dessen Objektiv sich auswechseln lässt. Für den festen Einbau in Konferenzräumen, Klassenzimmern und ähnlichen Orten reicht meist ein Gerät mit fest eingebautem Objektiv. Dieses wird so ausgewählt, dass man bei einem geeigneten Abstand auf die gewünschte Projektionsbreite kommt. Häu-

Bild 5.9: Projektor mit wechselbarem Objektiv

fig wird das Gerät ohnehin mittels Deckenhalterung fest installiert und so angebracht, dass man auf die gewünschte Breite kommt.

Im Veranstaltungsbereich steht man häufig vor der Schwierigkeit, dass man sich unterschiedlichen Gegebenheiten anpassen muss – und diese weichen ab und an auch von dem ab, was bei der Vorbesichtigung vereinbart wurde. Das kann ein spontaner Raumwechsel oder die plötzliche Entscheidung sein, dass an dieser oder jener Stelle definitiv kein Projektor stehen kann, oder der zugesagte Steiger ist doch nicht vor Ort oder erreicht nicht die benötigte Höhe. Kurz: Durch den gut sortierten Objektivkoffer unterscheidet sich der Profi vom Amateur.

Bild 5.11 zeigt ein Projektionsobjektiv mit den beiden kleinen Elektromotoren zum Einstellen von Fokus und Zoom. Horizontaler und vertikaler Lensshift finden nicht im Objektiv, sondern im Projektor statt.

Bild 5.10: Objektivkoffer

Bild 5.11: Projektionsobjektiv

Aufpro oder Rückpro

Im Standardfall wird von vorne auf eine weiße Wand projiziert. Es gibt dafür spezielle Projektionswände, für die immer noch der historische Begriff Leinwand verwendet wird, auch wenn sie nicht mehr aus Leinen gefertigt werden. Es kann aber auch auf eine weiße Raumwand projiziert werden. Eine Projektion auf ein weißes Laken ist ungeeignet, weil es nicht ausreichend spannbar ist. Wenn kein Etat für eine brauchbare Projektionswand zur Verfügung steht, kann auch eine weiß beschichtete Hartfaserplatte aus dem Holzzuschnitt des nächsten Baumarkts verwendet werden.

Bei einer Rückprojektion – kurz Rückpro – projiziert man durch eine spezielle Projektionsfolie hindurch. Diese Vorgehensweise ist vor allem dann erforderlich, wenn vor der Projektionswand Personen agieren sollten, die bei der Aufprojektion – kurz Aufpro – im Strahlengang des Projektors stehen würden. Für die Rückpro muss man das Bild spiegeln, damit es von der Betrachterseite aus korrekt aussieht.

Auch bei einer Rückpro kann der Projektor an der Decke und damit um 180° gedreht montiert werden, sodass zum Ausgleich auch das Bild um 180° gedreht werden muss. Es gibt somit vier Projektions-Modi:

Tabelle 5.5: Die vier Projektions-Modi

Projektions-Modus	Bild gedreht	Bild gespiegelt
Aufpro unten	Nein	Nein
Aufpro oben	Ja	Nein
Rückpro unten	Nein	Ja
Rückpro oben	Ja	Ja

Meist werden die vier Projektions-Modi über das Menü umgestellt. Wenn man jedoch das Bedürfnis hat, diese Einstellung zu ändern, dann deswegen, weil sie aktuell nicht korrekt ist. Dann jedoch ist das Bild gedreht und/oder gespiegelt dargestellt, sodass das Lesen der Menüpunkte eine gewisse Herausforderung darstellt und man auch bei der Richtung der Cursor-Tasten umdenken muss.

Nimmt man die Einstellungen bei einer Rückpro nicht mit der Fernbedienung auf der Betrachterseite, sondern direkt am Gerät vor, dann ist dabei zu beachten, dass das Bild vom Projektor aus betrachtet spiegelverkehrt sein muss. Man darf also die Schrift im Menü nicht korrekt lesen können. Sind mehrere Einstellungen vorzunehmen, dann nimmt man diese bei lesbarer Schrift vor und stellt zuletzt den Projektions-Modus korrekt ein.

5.2 Video-Displays

Auf Video-Displays soll hier nur kurz eingegangen werden, da in diesem Bereich zu erträglichen Preisen nur kleine Projektionsflächen möglich sind.

5.2.1 LCD- und Plasma-Displays

Im Bereich des Video-Displays mit einer Bildschirmdiagonale bis etwa 2 m sind LCD- und Plasma-Displays gebräuchlich.

- In Plasma-Displays wird in kleinen Kammern (drei pro Pixel, für jede der additiven Grundfarben eine) mittels ionisierter Gase UV-Strahlung erzeugt, die Leuchtstoffe zur Abgabe von Licht im sichtbaren Spektrum anregt. Plasma-Displays sind im Vergleich zu LCD-Displays schwerer, haben einen höheren Stromverbrauch und neigen zum Einbrennen. Das Bild ist allerdings sehr blickwinkelunabhängig (aus diesem Grund sind sie im Veranstaltungsbereich weiter verbreitet als im Consumer-Bereich). Zudem ist der Kontrast höher und die Reaktionszeit kürzer.

- In LCD-Displays arbeiten Flüssigkristalle, im Prinzip mit demselben Verfahren, wie schon beim Beamer beschrieben. Allerdings sind die Displays sehr viel größer, sodass sich die thermische Belastung auf eine deutlich größere Fläche verteilt. Alterung und Einbrennen sind hier kein Thema. Je nach Modell ist das Bild mehr oder weniger stark blickwinkelabhängig. Im Gegensatz zum Consumer-Bereich, in dem man direkt vor dem Fernseher sitzt, kann das im Veranstaltungsbereich problematisch werden.
- Was als LED-Display verkauft wird, ist derzeit noch ein LCD-Display, bei dem Leuchtdioden als nötige Lichtquelle eingesetzt werden. Das können weiße Leuchtdioden sein, es ist aber auch möglich, ein monochromatisches LCD-Display alternierend in den drei Primärfarben zu hinterleuchten.

5.2.2 LED-Wände

LED-Wände („Videowände“) sind die einzige praktikable Möglichkeit, tagsüber im Freien in größeren Abmessungen zu projizieren. Projektoren haben dazu eine viel zu geringe Lichtleistung und LCD- und Plasma-Displays erreichen weder die erforderliche Größe noch die erforderliche Lichtleistung.

Eine LED-Wand ist eine Ansammlung von leistungsstarken Tri-Color-LEDs (oder jeweils drei einzelnen LEDs pro Pixel), die auf einer Trägerkonstruktion angebracht sind. Häufig sind solche Trägerkonstruktionen keine starren Platten, sondern winddurchlässiger Konstruktionen, damit im Open-Air-Betrieb die Windlasten beherrschbar bleiben. Dennoch sind hier beim Einsatz stabile Traversenkonstruktionen erforderlich.

Durch die Winddurchlässigkeit sind LED-Wände bisweilen auch optisch halb transparent, sodass hier einige Effekte möglich sind.

Früher war die Auflösung von LED-Wänden häufig ein Problem. Trotz großer Abmessungen und der Akzeptanz von HD-Signalen stellten die Wände tatsächlich nur in der Größenordnung „halbes VGA“ (also 320 × 240) dar. Hier muss man genau hinschauen und gegebenenfalls nachfragen, welche Auflösung tatsächlich gegeben, bzw. wie groß der Pixelabstand ist. Den Zusammenhang zwischen Pixelabstand, Auflösung und Abmessung stellt Tabelle 5.6 dar:

Pixelabstand	1280 × 720	1920 × 1080	3840 × 2160
2 mm	2,56 × 1,44	3,84 × 2,16	7,68 × 4,32
3 mm	3,84 × 2,16	5,76 × 3,24	11,52 × 6,48
5 mm	6,40 × 3,60	9,60 × 5,40	19,20 × 10,80
8 mm	10,24 × 5,76	15,36 × 8,64	30,72 × 17,28

Pixelabstand	1280 × 720	1920 × 1080	3840 × 2160
10 mm	12,80 × 7,20	19,20 × 10,80	(38,40 × 21,60)
15 mm	19,20 × 10,80	28,80 × 16,20	(57,60 × 32,40)
20 mm	25,40 × 14,40	(38,40 × 21,60)	(76,80 × 43,20)

5.3 Projektionsgröße

Es stellt sich in der Praxis zeitweise die Frage, wie groß die Projektionswand sein muss oder in welchen Bereich die Zuschauer gesetzt werden können. Man kann diesbezüglich entweder mit Erfahrungswerten agieren, oder aber auch eine technische Regel zu Rate ziehen – bspw. die DIN 19045-1 (Projektion von Steh- und Laufbild, Teil 1: Projektions- und Betrachtungsbedingungen für alle Projektionsarten).

Diese Norm erschien im Mai 1997. Der Projektor war damals primär ein Dia- oder Tageslichtprojektor, folglich geht diese Norm von einer quadratischen Projektion aus. (Dias waren zwar nicht quadratisch, aber üblicherweise wurde Hoch- und Querformat gemischt.)

Dennoch ist diese Norm immer noch für heutige Zwecke geeignet, man muss lediglich die Aussagen für Breitwand-Filmprojektion heraussuchen.

Hinweis: Die folgenden Ausführungen können auch für Video-Displays verwendet werden, auch wenn es sich dabei selbstverständlich nicht um Projektion handelt.

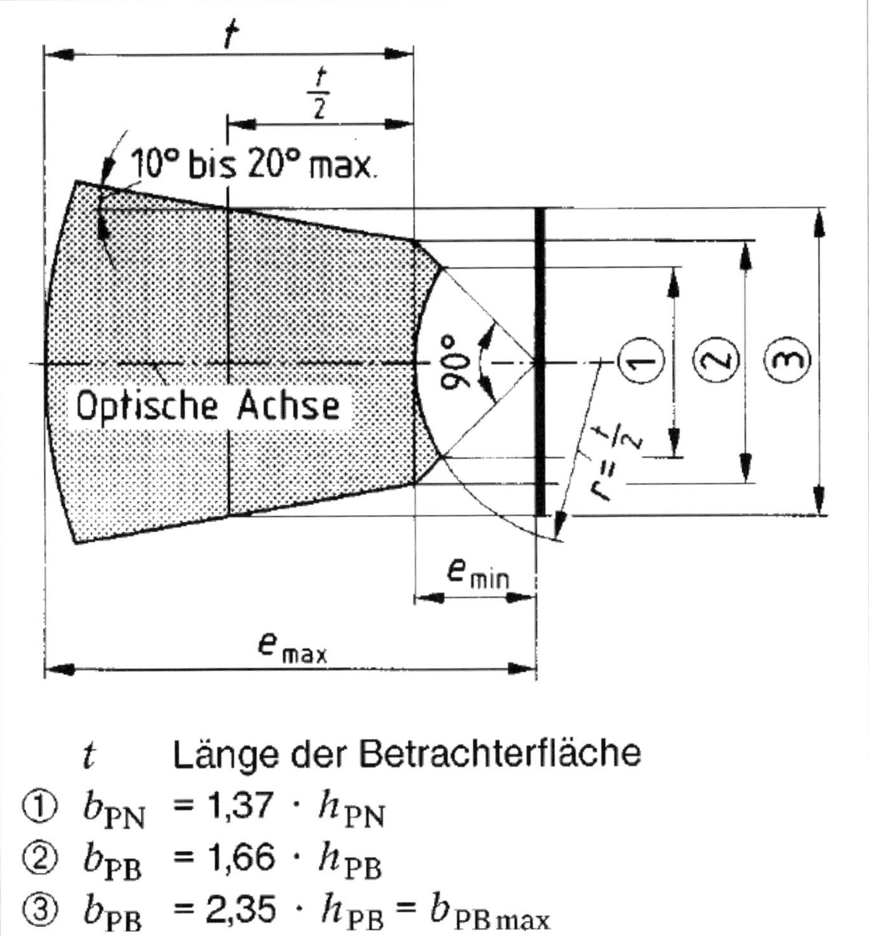

Bild 5.12: Betrachterfläche für Vorführräume (Quelle: DIN 19045-1)

Bild 5.12 zeigt, was DIN 19045-1 für verschiedene Seitenverhältnisse der Bildwand vorschlägt. Für die kleinste und die größte Betrachtungsentfernung gilt:

$e_{min} = 1{,}25\, h_{PB}$ $\qquad$ $e_{max} = 5\, h_{PB}$

Daraus folgt:

$t \;=\; 3{,}75 \cdot h_{PB}$

Der Mindestabstand e_{min} ist dadurch gegeben, dass der Betrachter noch das komplette Bild betrachten können soll. Diese Voraussetzung ist nicht gegeben, wenn er zu nahe an der Bildwand sitzt. Der Höchstabstand e_{max} ist dadurch gegeben, dass der Betrachter auch noch in der Lage sein soll, die Details zu erkennen, also zum Beispiel kleine Schrift.

Die beiden Faktoren (1,25 und 5) sind keine harten Grenzen. Oft wird man aus wirtschaftlichen Gründen Personen näher oder weiter setzen, oder eine etwas kleinere Bildwand wählen (sodass auch nicht mehr ein ganz so starker Projektor erforderlich ist). In den hier genannten Grenzen kann man jedoch von guten Sichtverhältnissen ausgehen.

Um die geometrischen Verzerrungen im Rahmen zu halten, sollten die Zuschauer auch nicht zu schräg auf die Bildwand sehen.

Es sollen nun beispielhaft die Projektionsgrößen für einen Raum dimensioniert werden. Die Betrachterfläche soll einmal durch die Raumtiefe und einmal durch die Raumbreit limitiert sein.

5.3.1 Durch die (Raum-)Tiefe limitierte Betrachterfläche

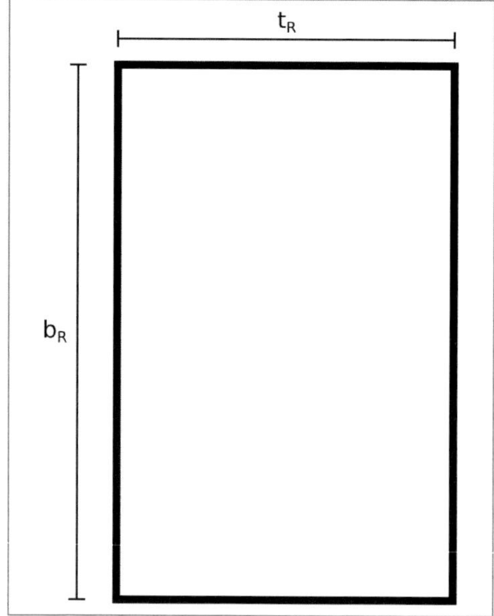

Bild 5.13: Gegebener Raum

Der in Bild 5.13 gegebene Raum soll quer bespielt werden, er ist somit eher breit als tief. Für die Betrachterfläche soll die ganze Raumtiefe genutzt werden.

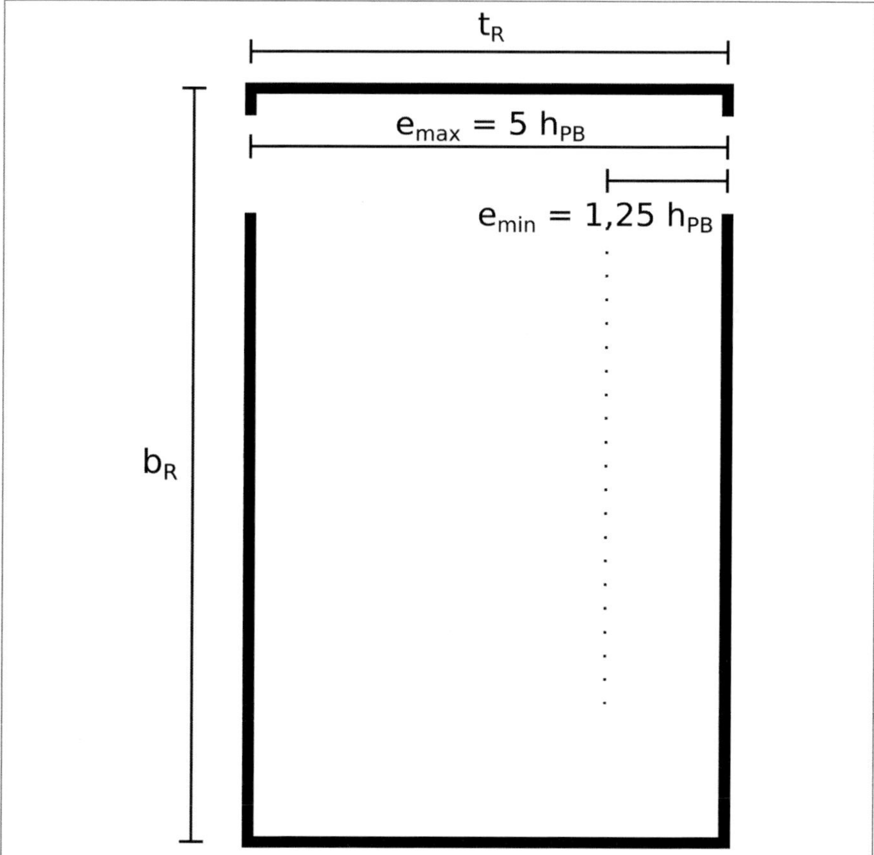

Bild 5.14: Minimal- und Maximaltiefe

Die Maximaltiefe ist fünfmal der Höhe der Bildwand. Unter der Voraussetzung, dass die gesamte Raumtiefe für die Betrachterfläche verwendet wird, lässt sich also die Höhe der Bildwand berechnen:

$$h_{PB} = \frac{t_R}{5}$$

Aus der Höhe der Bildwand ergibt sich dann wiederum der Mindestabstand, der ein Viertel der Raumtiefe beträgt.

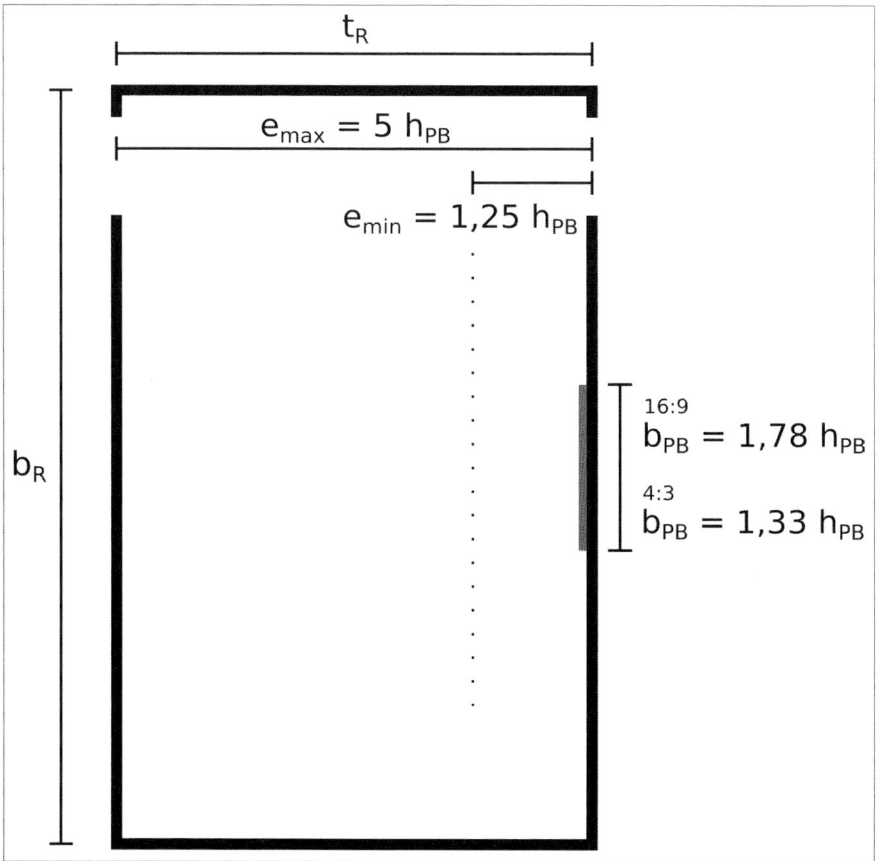

Bild 5.15: Breite der Bildwand

Aus der Höhe der Bildwand lässt sich dann wiederum die Breite der Bildwand berechnen, die dann auch vom Seitenverhältnis der Projektion abhängt. Für die beiden gängigen Seitenverhältnisse 4:3 und 16:9 sind die Faktoren in Bild 5.15 angegeben.

DIN 19045-1 geht davon aus, dass die Betrachterreihen gebogen sind, siehe Bild 5.12. So etwas ist in größeren Kinos sicherlich möglich, im Veranstaltungsbereich jedoch eher nicht. In Bild 5.16 sind somit gerade Betrachterreihen vorgesehen (z.B. Stuhlreihen und Tischreihen – die sogenannte parlamentarische Bestuhlung).

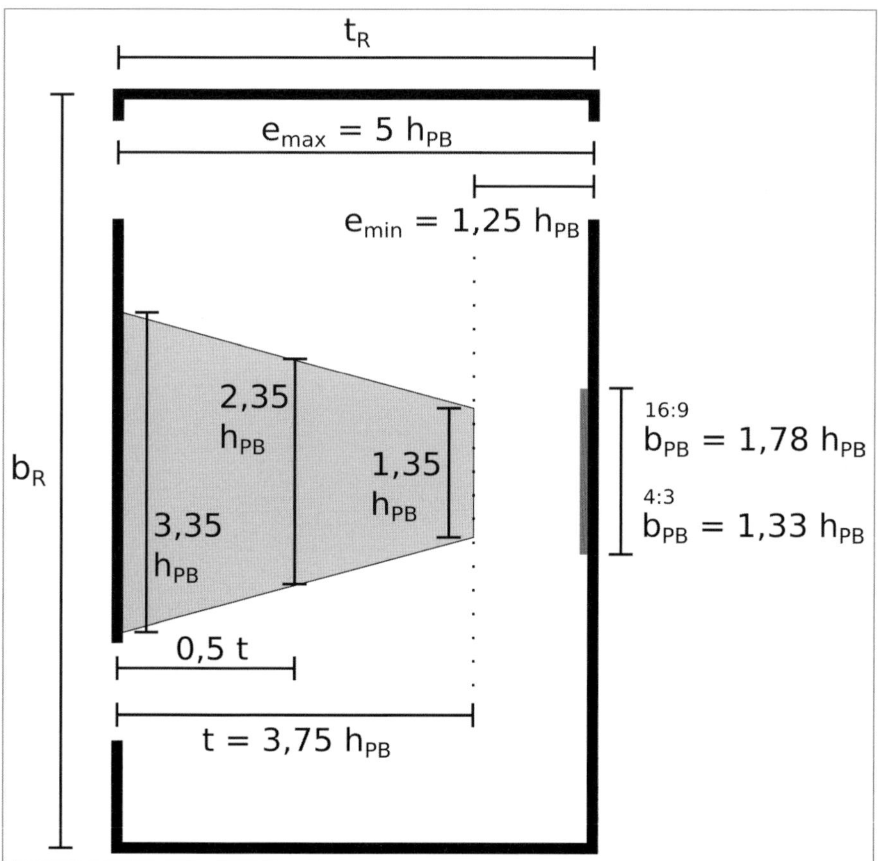

Bild 5.16: Betrachterfläche

Die Fläche der Betrachterfläche beträgt:

$$A_B = 3{,}75 \cdot h_{PB} \cdot 2{,}35 \cdot h_{PB} = 8{,}8125 \cdot h_{PB}{}^2$$

Setzt man diesen Wert ins Verhältnis zur Größe der Bildwand, so beträgt die Fläche der Bildwand etwa 15 % (4:3) bis 20 % (16:9) der Betrachterfläche.

Bei genauerer Betrachtung von Bild 5.16 fällt auf, dass die Betrachterfläche nur einen kleinen Teil des Raumes einnimmt – ein übliches Problem von quer bespielten Räumen. Muss man mehr Betrachter unterbringen, als es mit dieser Betrachterfläche möglich ist, kann die Zahl der Projektionen erhöht werden, so wie es in Bild 5.17 der Fall ist.

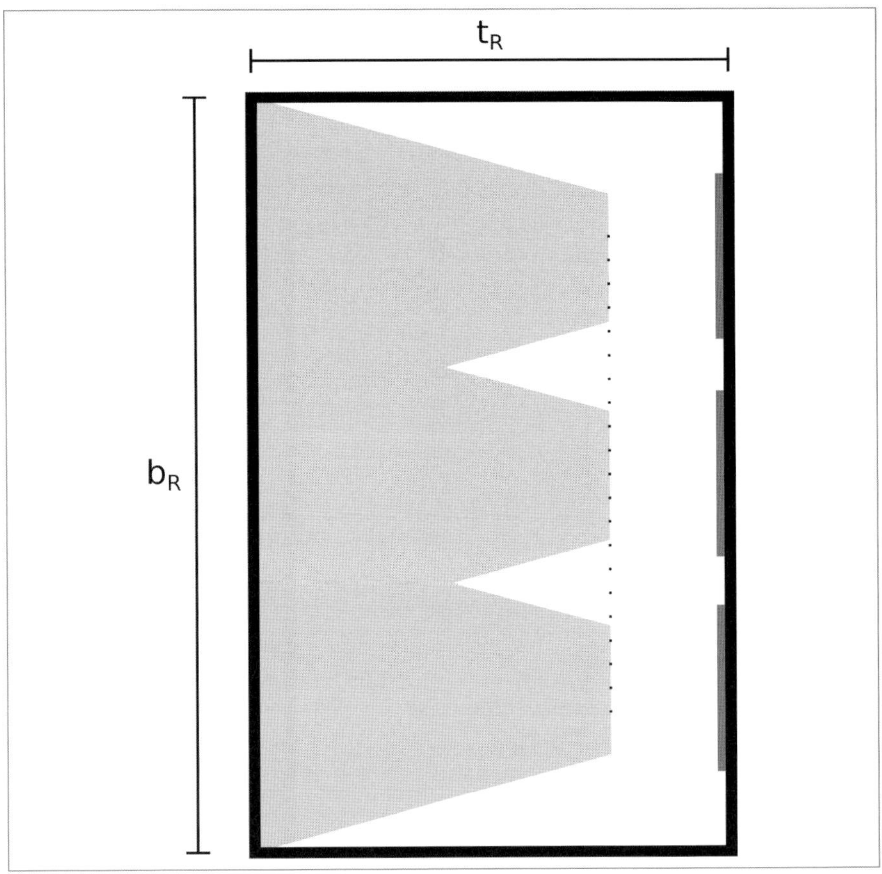

Bild 5.17: Mehr Betrachterfläche durch mehrere Projektionen

In Tabelle 5.6 ist eine Kalkulationshilfe zu finden, mit der aus der Raumtiefe die anderen Größen ermittelt werden können. Die Zwischenwerte können dann durch einfache Abschätzung interpoliert werden. (Die Genauigkeit der einfachen Abschätzung ist hier ausreichend, da die Ausgangsgrößen ihrerseits unscharf sind: Je weiter die in DIN 19045-1 genannten Grenzen überschritten werden, desto schlechter werden die Sichtbedingungen.)

Tabelle 5.6: Kalkulationshilfe für durch die Tiefe begrenzte Räume

Raumtiefe t_R	Bildwandhöhe h_{PB}	Bildwand-breite 4:3 b_{PB}	Bildwand-breite 16:9 b_{PB}	Betrachter-fläche A_B
6,00	1,20	1,60	2,13	12,69
8,00	1,60	2,13	2,84	22,56
10,00	2,00	2,67	3,56	35,25
12,00	2,40	3,20	4,27	50,76
15,00	3,00	4,00	5,33	79,31
18,00	3,60	4,80	6,40	114,21
21,00	4,20	5,60	7,47	155,45
24,00	4,80	6,40	8,53	203,04
27,00	5,40	7,20	9,60	256,97
30,00	6,00	8,00	10,67	317,25
35,00	7,00	9,33	12,44	431,81
40,00	8,00	10,67	14,22	564,00
45,00	9,00	12,00	16,00	713,81
50,00	10,00	13,33	17,78	881,25

5.3.2 Durch die (Raum-)Breite limitierte Betrachterfläche

Es soll wieder der Raum aus Bild 5.13 betrachtet werden, dieses Mal allerdings längsbespielt. Die Betrachterfläche ist somit durch die Raumbreite limitiert. Bei solchen Dimensionierungen ist zu beachten, dass möglicherweise die Breite durch Besuchergänge reduziert ist. Es ist bei der Berechnung einfach die zur Verfügung stehende Breite anzusetzen.

Wenn noch einmal Bild 5.16 angesehen wird, kann festgestellt werden, dass bei begrenzender Breite drei Ansätze zur Verfügung stehen, von denen zwei praxisnah sind:

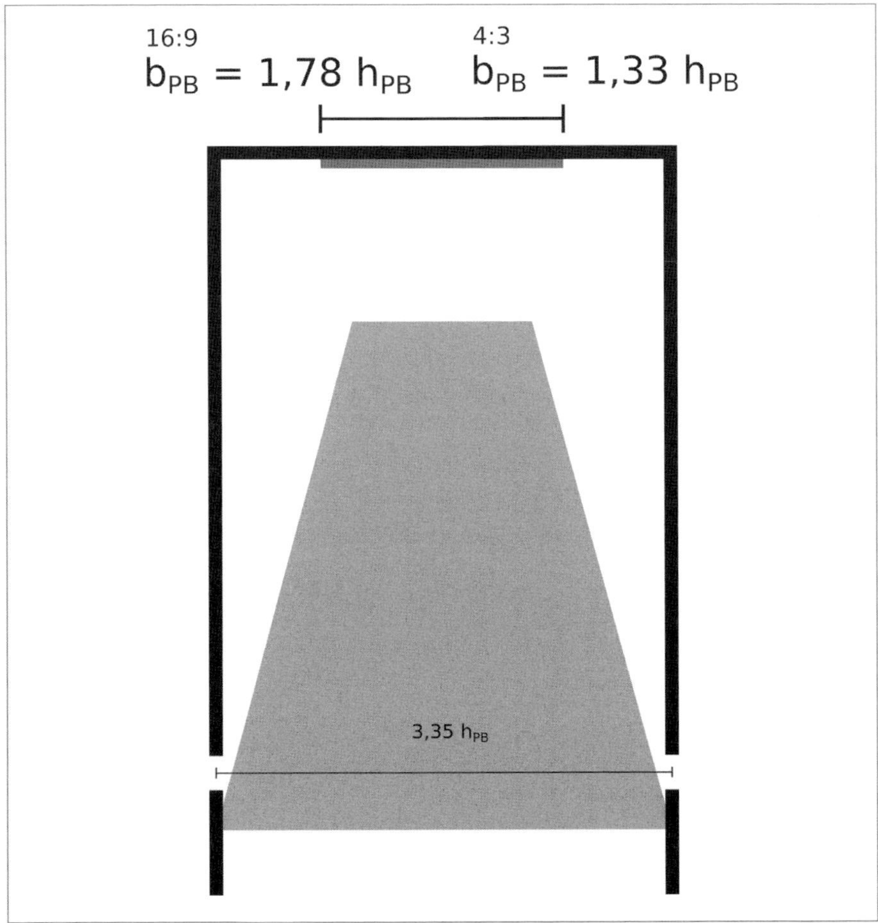

Bild 5.18: Durch die Breite begrenzte Betrachterflächen

Wenn Bild 5.16 unverändert auf eine Breitenbegrenzung angewandt wird, dann entsteht eine trapezförmige Betrachterfläche, so wie sie in Bild 5.18 zu sehen ist. Man erhält dadurch eine weniger breite Bildwand, jedoch wird durch die Trapezschräge relativ viel Raum „verschenkt".

Um dies zu vermeiden, kann man ein „angeschnittenes Trapez" wie in Bild 5.19 verwenden. Dies bedingt eine breitere Bildwand, dafür wird weniger Platz in der Breite „verschenkt".

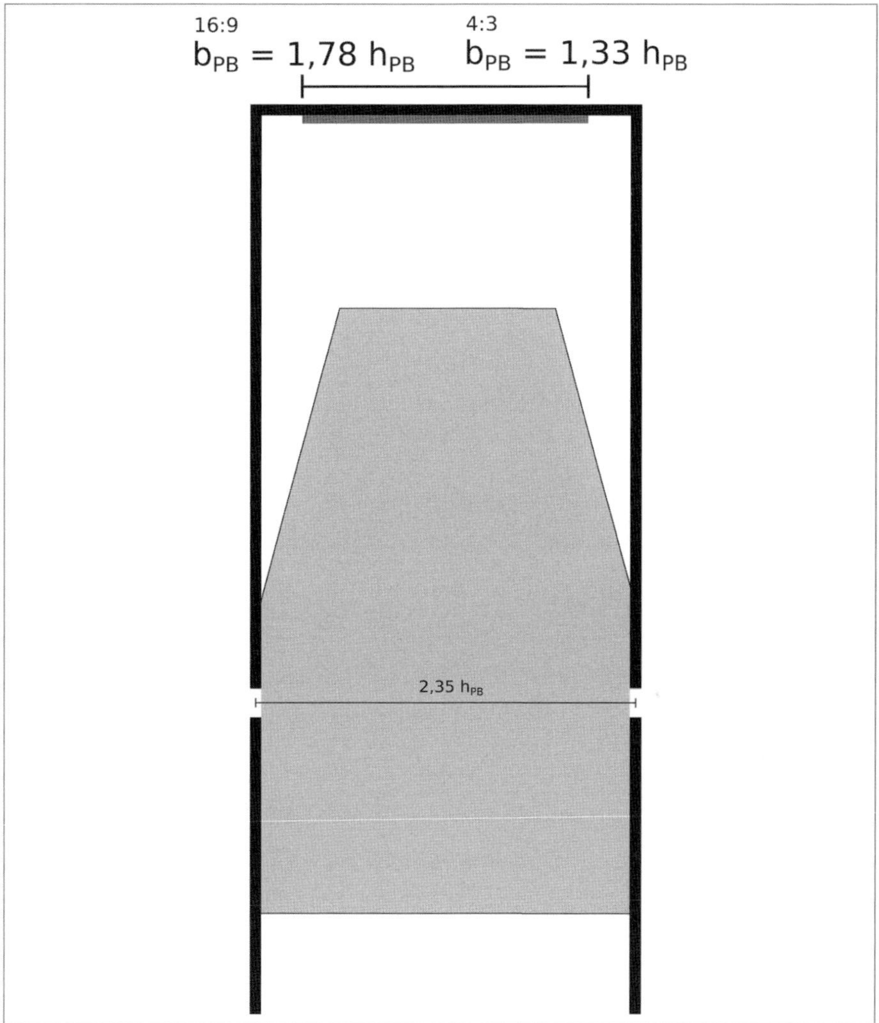

Bild 5.19: Angeschnittenes Trapez zur besseren Platzausnutzung

Auf die Spitze getrieben wäre dieser Weg mit einem Ansatz, bei dem überhaupt keine Trapezform übrig bleibt. Dann wäre jedoch – zumindest bei einem Seitenverhältnis von 16:9: – die Bildwand breiter als der Raum. Daher verwendet man eher die Dimensionierung des „angeschnittenen Trapezes" und stuhlt den Raum nach Form eines Rechtecks (hier entstehen dann allerdings links und rechts vorne ein paar Plätze mit weniger guten Sichtbedingungen).

Die eben gemachten Überlegungen gelten für einen rechteckigen Raum. Manche Versammlungsstätten weisen einen trapezförmigen Grundriss auf, sodass man die trapezförmige Betrachterfläche nur bestmöglich einpassen muss.

Tabelle 5.7: Kalkulationshilfe für durch die Breite begrenzte Räume, „Trapez“

b_R	h_{PB}	BWB 4:3 b_{PB}	BWB 16:9 b_{PB}	A_B	t_R
6,00	1,79	2,39	3,18	28,27	8,96
8,00	2,39	3,18	4,25	50,26	11,94
10,00	2,99	3,98	5,31	78,53	14,93
12,00	3,58	4,78	6,37	113,08	17,91
15,00	4,48	5,97	7,96	176,68	22,39
18,00	5,37	7,16	9,55	254,42	26,87
21,00	6,27	8,36	11,14	346,30	31,34
24,00	7,16	9,55	12,74	452,31	35,82
27,00	8,06	10,75	14,33	572,45	40,30
30,00	8,96	11,94	15,92	706,73	44,78
35,00	10,45	13,93	18,57	961,93	52,24
40,00	11,94	15,92	21,23	1 256,40	59,70
45,00	13,43	17,91	23,88	1 590,14	67,16
50,00	14,93	19,90	26,53	1 963,13	74,63

Die Tabellen 5.7 und 5.7 liefern eine Kalkulationshilfe für durch die Breite begrenzte Räume unter Verwendung der Formen „Trapez“ (Bild 5.18) und „angeschnittenes Trapez“ (Bild 5.19). Es mag auf den ersten Blick verwundern, dass die Betrachterfläche so deutlich größer ist (77 % mehr).

Dabei ist jedoch zu berücksichtigen, dass das angeschnittene Trapez von den „Grundabmessungen“ 42 % größer ist, sich die Bildwandfläche also ein klein wenig mehr als verdoppelt. Infolgedessen wird auch ein Projektor benötigt, der etwa den doppelten Lichtstrom aufweist. Dass die Betrachterfläche sich nicht verdoppelt, sondern nur um etwa 77 % größer wird, liegt an den abgeschnittenen Flächen.

Tabelle 5.8: Kalkulationshilfe für durch die Breite begrenzte Räume, „angeschnittenes Trapez“

b_R	h_{PB}	BWB 4:3 b_{PB}	BWB 16:9 b_{PB}	A_B	t_R
6,00	2,55	3,40	4,54	50,15	12,77
8,00	3,40	4,54	6,05	89,16	17,02
10,00	4,26	5,67	7,57	139,32	21,28
12,00	5,11	6,81	9,08	200,62	25,53
15,00	6,38	8,51	11,35	313,46	31,91
18,00	7,66	10,21	13,62	451,39	38,30
21,00	8,94	11,91	15,89	614,39	44,68
24,00	10,21	13,62	18,16	802,46	51,06
27,00	11,49	15,32	20,43	1015,62	57,45
30,00	12,77	17,02	22,70	1253,85	63,83
35,00	14,89	19,86	26,48	1706,63	74,47
40,00	17,02	22,70	30,26	2229,06	85,11
45,00	19,15	25,53	34,04	2821,16	95,74
50,00	21,28	28,37	37,83	3482,91	106,38

Zu berücksichtigen ist auch, dass sich diese Steigerung der Betrachterfläche nur dann realisieren lässt, wenn eine ausreichende Raumtiefe zur Verfügung steht, siehe Spalte t_R.

5.3.3 Kalkulation über die Bildschirmdiagonale

Im Bereich von LCD- oder Plasma-Displays denkt der Veranstaltungstechniker nicht in Bildwandhöhe, sondern in der Diagonale des Displays und das auch noch in Zoll. Die folgende Tabelle ist eine Kalkulationshilfe für diesen Fall.

In der Kalkulationshilfe sind die folgenden Größen zu finden:

- Diag. ist die Display-Diagonale, angegeben in Zoll
- h_{PB} ist die Display-Höhe
- b_{PB} ist die Display-Breite
- t_R ist der maximale Betrachterabstand (sofern die Raumtiefe ausreicht)

Tabelle 5.9: Kalkulationshilfe für Displays

Diag. [Zoll]	h_{PB} [m]	b_{PB} [m]	t_R [m]	t_{min} [m]	b_R [m]	A_B [m²]
40	0,50	0,89	2,49	0,62	1,67	2,18
45	0,56	1,00	2,80	0,70	1,88	2,76
50	0,62	1,11	3,11	0,78	2,08	3,41
55	0,68	1,22	3,42	0,86	2,29	4,13
60	0,75	1,33	3,73	0,93	2,50	4,91
65	0,81	1,44	4,04	1,01	2,71	5,77
70	0,87	1,55	4,36	1,09	2,92	6,69
75	0,93	1,66	4,67	1,17	3,13	7,68
80	1,00	1,77	4,98	1,24	3,34	8,74
90	1,12	1,99	5,60	1,40	3,75	11,06
100	1,24	2,21	6,22	1,56	4,17	13,65
110	1,37	2,44	6,85	1,71	4,59	16,52
120	1,49	2,66	7,47	1,87	5,00	19,66

- t_{min} ist der minimale Betrachterabstand
- b_R ist die maximale Breite der Betrachterfläche (sofern die Raumbreite ausreicht)
- A_B ist die Betrachterfläche (sofern Raumtiefe und Raumbreite ausreichen)

In grober Näherung kann bei Stuhlreihen von zwei Betrachtern pro m² und bei parlamentarischer Bestuhlung von einem Betrachter pro m² ausgegangen werden. Mit Hilfe der Tabelle kann somit auch grob überschlagen werden, wie groß das Display bei gegebener Betrachterzahl werden sollte.

5.4 Die Bildwand

Mit etwas Glück hat man dort, wo man hinprojizieren möchte, eine helle (im Idealfall weiße) strukturlose Fläche. Dann erübrigt sich eine eigene Bildwand. Bei Messeständen kann man bspw. auch mit weiß beschichteten Hartfaserplatten aus dem Baumarkt sehr brauchbare Ergebnisse erzielen. Im Regelfall wird man jedoch eine spezielle Bildwand einsetzen.

Auch für Bildwände gibt es eine technische Regel: DIN 19045-4 (*Projektion von Steh- und Laufbild, Teil 4: Reflexions- und Transmissionseigenschaften von Bildwänden; Kennzeichnende Größen, Bildwandtyp, Messung*).

5.4.1 Aufpro und Rückpro

Bei der Bildwand ist zunächst zu unterscheiden, ob sie für Aufprojektion oder Rückprojektion geeignet ist. Diese beiden Begriffe werden üblicherweise mit Aufpro und Rückpro abgekürzt. Daneben ist auch noch das Begriffspaar Auflichtprojektion und Durchlichtprojektion gebräuchlich.

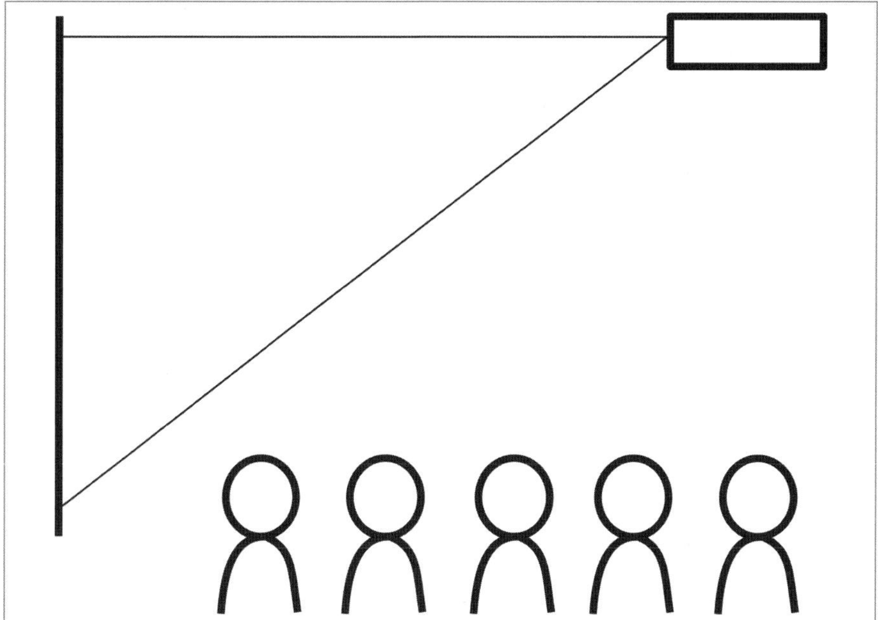

Bild 5.20: Aufprojektion

Bild 5.20 zeigt eine Aufprojektion. Hier befindet sich der Projektor auf derselben Seite der Bildwand wie die Betrachter, sodass eine vollständige reflektierende Bildwand eingesetzt werden kann. Die Aufprojektion ist die gebräuchlichere Art der Projektion, hat jedoch den Nachteil, dass sich Mitwirkende oder Betrachter im Strahlengang zwischen Projektor und Bildwand befindet können. Sie werfen dann Schatten und werden vom Projektor angeleuchtet.

Um dieses Problem zu minimieren, sollte bei Aufprojektion nach Möglichkeit Deckenprojektion verwendet werden, so wie es in Bild 5.20 zu sehen ist.

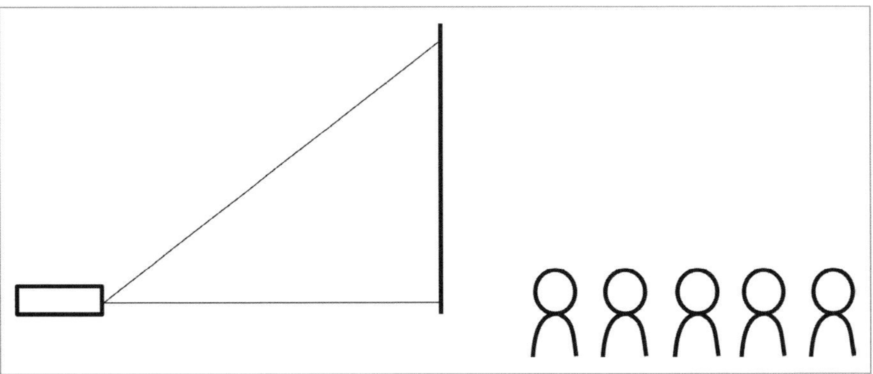

Bild 5.21: Rückprojektion

Bei einer Rückprojektion wie in Bild 5.21 befinden sich Projektor und Betrachter auf unterschiedlichen Seiten der Bildwand, was nicht nur eine teiltransparente Projektionsfläche erfordert, sondern auch ausreichend Platz hinter der Bildwand. Der Bereich hinter der Bildwand muss zudem dunkel gehalten werden.

Rückprojektion bietet sich nicht nur dort an, wo Personen direkt vor der Bildwand agieren sollen, sondern auch dort, wo Projektoren für Aufpro nicht geeignet angebracht werden können.

5.4.2 Bildwandtypen

DIN 19045-4 normt vier verschiedene Bildwandtypen:

- Typ D („diffus") hat keine Vorzugsrichtung der Reflexion. Typ D ist der gebräuchlichste Typ für Aufpro.
- Typ B („balls") reflektiert bevorzugt in die Richtung, aus der das Licht kommt. Dies wird dadurch erreicht, dass die Bildwand mit winzigen Glaskügelchen beschichtet ist. Eine solche Bildwand wird auch Perl- oder Kristallbildwand genannt. Dieser Bildwandtyp ist kaum mehr verbreitet.
- Typ S („spiegel") reflektiert bevorzugt in die Spiegelrichtung des auftreffenden Lichts („Einfallswinkel gleich Ausfallswinkel").
- Typ R („Rückpro") ist eine teiltransparente Bildwand für Rückprojektion.

Das Verhalten einer real existierenden Bildwand kann mehr oder weniger deutlich einem der vier Grundtypen entsprechen. Aufschluss darüber gibt das Leuchtdichtefaktor-Diagramm (in der Norm *Leuchtdichtefaktor-Indikatrix* genannt).

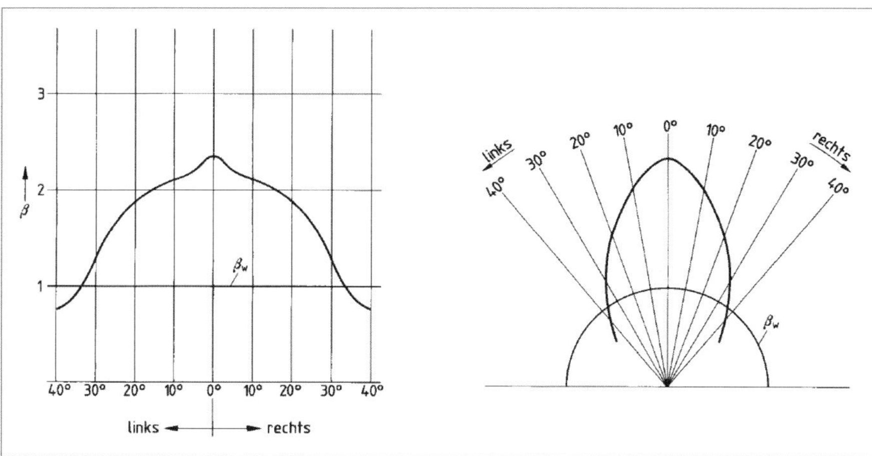

Bild 5.22: Leuchtdichtefaktor-Diagramm (Quelle: DIN 19045-4)

Für das Leuchtdichtefaktor-Diagramm ist sowohl die Darstellung in kartesischen Koordinaten (Bild 5.22 links) als auch in polaren Koordinaten (Bild 5.22 rechts) gebräuchlich. Bezogen werden diese Diagramme auf eine näherungsweise ideal diffus reflektierende Fläche (Tablette aus gepresstem Bariumsulfat-Pulver nach DIN 5033-9).

Wie Bild 5.22 zeigt, ist es möglich (und bei den Bildwandtypen B und S auch üblich), dass der Leuchtdichtefaktor in einem bestimmten Winkelbereich über 1 liegt. Dies bedingt jedoch (und das ist manchmal auch gewünscht), dass der Leuchtdichtefaktor in anderen Winkelbereichen (üblicherweise denen am Rand) entsprechend unter 1 liegt.

Wird in einem Katalog der Leuchtdichtefaktor als Einzahlwert angegeben, dann bezieht sich diese Angabe auf den Winkel von 0°.

5.4.3 Auswahl der Bildwand

Die Auswahl einer geeigneten Bildwand beschränkt sich nicht nur auf die Wahl des korrekten Bildwandtyps. Der aktuelle Katalog von Stumpfl (avstumpfl.com) z. B. weist 27 Bildwände für die Projektion auf.

Die erste Entscheidung dürfte „Aufpro oder Rückpro“ sein, die zweite nach der Mechanik. Eine Bildwand kann aufgerollt oder auf einen Rahmen aufgespannt werden. Im Bereich der Festinstallation sind Rollbildwände noch gebräuchlicher, im mobilen Bereich die Rahmenwände.

Bei Bildwandrahmen für den mobilen Bereich ist üblicherweise eine Aufständerung mit im System enthalten, sodass nur noch das Tuch aufgeknüpft werden muss (mit Druckknöpfen auf der Bildwand und entsprechenden Gegenstücken am Rahmen). Bildwand und Rahmen sind so aufeinander abgestimmt, dass die Bildwand durch das Aufknöpfen gespannt ist.

Dazu ein Hinweis aus der Praxis: Diese Abstimmung von Bildwand und Rahmen ist auf Raumtemperatur ausgelegt. Werden Bildwand und Rahmen bei Minustemperaturen transportiert und dann in einer kalten Halle aufgebaut, ist durch den unterschiedlichen Temperaturkoeffizienten das Tuch in der Regel etwas zu klein und muss mit hohem Kraftaufwand auf den Rahmen geknöpft werden. Da das Tuch bei niedrigen Temperaturen auch etwas spröder wird, besteht die Gefahr, dass es beim Aufknöpfen reißt. Um das zu vermeiden, sollte das Tuch warm transportiert und gelagert werden.

Beim Transport werden mobile Bildwände üblicherweise gefaltet (es sei denn, bei bestimmten Ausführungen ist dies ausdrücklich nicht empfohlen). Im mobilen Bereich sollten auch Tücher bevorzugt werden, die sich reinigen lassen.

Die Hersteller von Bildwänden fertigen ihre Tücher in bestimmten Breiten. Kleinere Bildwände werden dann einfach entsprechend geschnitten, bei großen Bildwänden müssen mehrere Bahnen aneinandergeschweißt werden. Das bedingt, dass die Tücher schweißbar sind, was nicht bei allen Produkten der Fall ist.

Werden Projektionstücher im Anwendungsbereich der Versammlungsstättenverordnung eingesetzt, dann müssen diese nach DIN 4102 mindestens B1 („schwer entflammbar“) zertifiziert sein. (Ist eine automatische Feuerlöschanlage („Sprinkleranlage“) vorhanden, dann reicht B2 („normal entflammbar“).

Meist geben Hersteller auch einen empfohlenen Betrachtungswinkel an, der zwischen +/– 30° und +/– 60° schwankt. DIN 19045-1 geht von +/– 45° aus (in Bild 5.12 als 90° angegeben). Setzt man eine Bildwand mit geringerem Betrachtungswinkel ein, dann muss ggf. umgeplant werden.

Für Aufprojektion wird üblicherweise eine zu 100 % lichtdichte Bildwand eingesetzt. In manchen Konstellationen kann hier jedoch eine Bildwand von Vorteil sein, die minimal lichtdurchlässig ist, sodass von der Rückseite (z. B. innerhalb eines Messestandes, in dem die Bildregie untergebracht ist) geprüft werden kann, ob gerade eine Projektion stattfindet.

Nicht lichtdicht sind auch die Bildwände, die zur besseren Schalldurchlässigkeit mikro-perforiert sind. Solche Bildwände sind ein Kompromiss zwischen akustischen und optischen Eigenschaften. Im Hochtonbereich, insbesondere über 10 kHz, ist Schalldurchlässigkeit nicht mehr besonders gut. Wegen der vielen kleinen Löcher eignen sich solche Bildwände zudem nur bedingt für hochauflösende Projektion. Die Möglichkeit besteht allerdings, die Lautsprecher hinter der Bildwand anzubringen. (Dabei sollten die Bässe über anders positionierte Systeme wiedergegeben werden, um dadurch verursachte sichtbare Bewegungen der Bildwand zu vermeiden.)

Neben den Standard-Tüchern gibt es auch Bildwände für besondere Einsatzzwecke, so z. B. Tücher, die sich sowohl für Auf- als auch für Rückprojektion einsetzen lassen, oder polarisationserhaltende Bildwände (die man für 3D-Projektionen benötigt).

Handelsübliche Bildwände sind reine Indoor-Produkte. Im Outdoor-Bereich ist mit Windlasten zu rechnen, für die weder die gebräuchlichen Tücher noch die Rahmen ausgelegt sind. (Ganz abgesehen davon, dass die verfügbaren Projektoren – zumindest für Projektionen bei Tageslicht und in der Dämmerung – deutlich zu lichtschwach sind.)

5.5 Live-Übertragung

Sofern man keine Sendelizenz fürs Fernsehen hat, bleibt als Weg für die Live-Übertragung das Internet. Hier ist die Übertragung schon mit geringem Aufwand und kleinem Budget möglich, sofern die Zuschauerzahlen gering bleiben. Da Streaming-Hoster üblicherweise nach Datenverkehr (Traffick) abrechnen, steigen – abgesehen von einer meist überschaubaren Grundpauschale – die Kosten linear mit Zuschauerzahlen und Zeit.

Es gibt etliche Streaming-Dienste (youtube.com, livestream.com etc.), über die man kostenlos übertragen kann und die sich durch Werbung finanzieren, die neben dem Stream eingeblendet wird. Im professionellen Umfeld ist solche Werbung üblicherweise unerwünscht, zumal die Zuschauerzahl für die kostenlosen Accounts häufig auf eine niedrige Zahl beschränkt ist. Eine höhere Zahl erfordert entweder einen kostenpflichtigen Account, oder es fallen Gebühren für die Zuschauer an.

Bisweilen stellen Streaming-Dienste einfache Software-Programme zur Verfügung (z. B. livestream.com), mit deren Hilfe man vom eigenen Rechner aus streamen kann. Dabei können die am Rechner anliegenden Videoquellen umgeschaltet oder der eigene Bildschirminhalt übertragen werden. Meist kann auch eine Bauchbinde hinzugefügt werden. Für einfache Übertragungen mag das ausreichend sein. Solche Software ist üblicherweise fest an den jeweiligen Streaming-Dienst gekoppelt.

Für professionelleres Videostreaming verwendet man spezialisierte Software wie z. B. Wirecast (siehe 4.2.7) oder Videoblaster.

5.5.1 Adobe Flash Media Live Encoder

Als anbieterunabhängiges, aber dennoch kostenloses Tool bietet sich der Flash Media Live Encoder von Adobe an. Hiermit hat man die Möglichkeit, eine vom Betriebssystem erkannte Videoquelle auf einen beliebigen Flash-Video-Server zu übertragen. Daneben kann man einen Audio-Ausgang wählen, damit der Stream auch einen Ton hat.

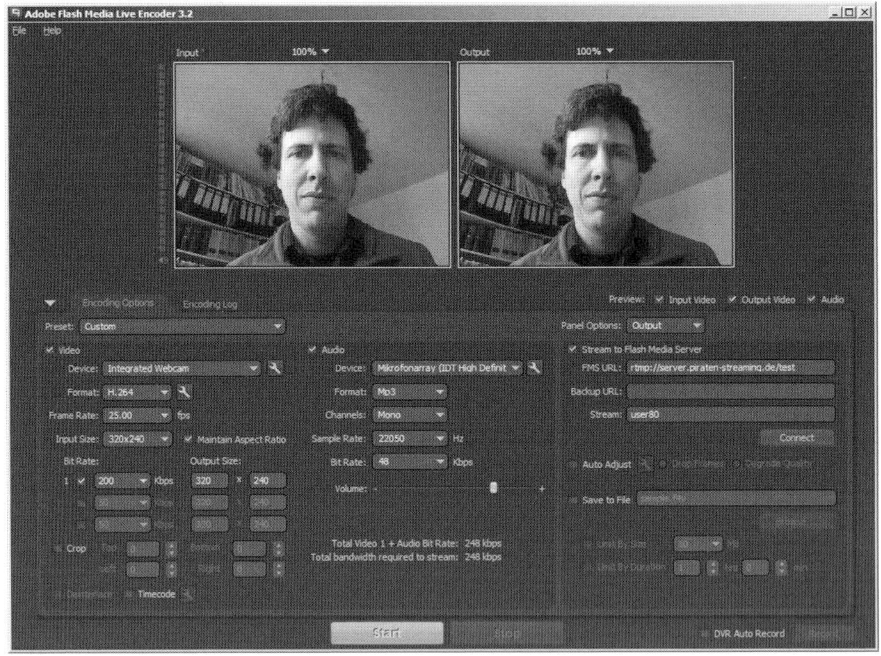

Bild 5.12: Flash Media Live Encoder

Die Bedienung des Flash Media Live Encoders ist vergleichsweise simpel:

- Unter *Device* stellt man die Video- bzw. die Audio-Quelle ein. Um z. B. analoge Video-Signale zu streamen, verwendet man einen handelsüblichen USB-Videograbber.

- Als *Format* stellt man aus Gründen der besseren Kompatibilität *H.264* ein.
- Die Parameter *Frame Rate* und *Input Size* passt man der ausgewählten Quelle an. Bei Video im PAL-Format wären das 25 fps (*frames per second*) und 720 × 576.
- Mit *BitRate* steuert man die Qualität und die erforderliche Bandbreite. Je höher die *BitRate* ist, desto besser ist auch die Qualität. Dies erhöht aber auch die erforderliche Bandbreite und damit die Kosten. Zudem hat nicht jede verfügbare Internetverbindung auch die gewünschte Upstream-Bandbreite, zumal man sich diese gegebenenfalls auch noch mit anderen Teilnehmern teilen muss.
- *OutputSize* gleicht man im Normalfall *InputSize* an oder reduziert sie auf einen ganzzahligen Teiler davon, bei PAL z. B. „halbes PAL", also 360 × 288.
- Bei Audio kann man *Format* auf *MP3* belassen. Bei Videostreaming hat man häufig keinen Stereo-Ton, selbst wenn er im Raum auf zwei Kanälen übertragen wird. Um Bandbreite einzusparen, sollte man dann *Channels* auf *Mono* stellen.
- Mit *SampleRate* stellt man die Wandlerfrequenz ein, die höchste übertragbare Frequenz ist die Hälfte davon. Videostreaming ist häufig sprachlastig, da reichen 22.050 Hz völlig aus.
- Mit Bit Rate wird die Übertragungsbandbreite eingestellt.

Im Ausgabebereich gibt man die URL und die Stream-Bezeichnung ein. Sie wird vom Streaming-Hoster mitgeteilt oder lässt sich dort einstellen/vorgeben. Auf jeden Fall ist darauf zu achten, dass die Angaben exakt stimmen. Daneben kann man das Video-Signal auch auf die Festplatte aufzeichnen.

5.5.2 Bandbreite

Der H.264-Codec ist so gut, dass man schon bei den im Beispiel eingestellten 200 kbps/248 kbps brauchbare Ergebnisse erhalten kann. Eine solche Upstream-Bandbreite ist bei den heutigen DSL-Anschlüssen keine Hürde mehr, sie muss dann aber auch tatsächlich bereitstehen.

Häufig wird jedoch bei Veranstaltungen das zur Verfügung stehende Netz auch von anderen Teilnehmern genutzt, z. B. von Smartphones über ein offenes WLAN. Die Schwierigkeit ist, dass die Videoübertragung bei einem Test ohne Teilnehmer zwar völlig problemlos funktioniert, sobald man aber die zur Verfügung stehende Bandbreite mit anderen Usern teilen muss, kann es zu massiven Aussetzern kommen.

Für den Notfall bietet der Flash Media Live Encoder die Option *Degrade Quality*. Wenn also Schwierigkeiten bei der Übertragung erkannt werden, wird völlig automatisch die Bandbreite reduziert, da eine geringere Bildqualität weniger auffällt als verloren gegangene Frames (diese wiederum sind nicht so schlimm wie Tonaussetzer).

Diesen Notfall *gilt es zu vermeiden*. Sofern in der Installation ein brauchbarer Router vorhanden ist und ein fähiger Administrator zur Verfügung steht, kann man mittels Priorisierung oder *traffic shaping* dafür sorgen, dass die erforderliche Bandbreite jederzeit zur Verfügung steht. Alternativ kann man prüfen, was im selben Gebäude oder in der Nachbarschaft an *weiteren* Netzanschlüssen vorhanden ist. Große Veranstaltungsstätten haben für die Verwaltung oft ein eigenes Netz mit überschaubarer Bandbreite, während für die einzelnen Veranstaltungen breitbandige Anschlüsse angemietet werden. Mit ein paar freundlichen Worten gelingt es bisweilen, das Verwaltungsnetz *nutzen* zu dürfen und somit von der Veranstaltung separiert zu sein.